U0341794

高职高专"十二五"规划教材

网 络 基 础

主 编 尹 霞 邓天翔

副主编 李红叶

北 京

冶金工业出版社

2011

内 容 提 要

　　本书打破传统的教材编写体系，将网络操作技能、技巧融入具体操作的项目任务中，项目内容结构严谨，讲解清晰。全书包括"计算机网络概念"、"局域网组网技术"、"交换与虚拟局域网"、"网络互联"、"网络安全及维护"5 个项目，涵盖了网络基础知识及基本操作技能。此外，书中还介绍了选购相关产品时对产品真假的鉴别方法。

　　本书适用于学习网络技术的初、中级读者，可作为中职、高职学校网络基础课程的教材使用，也可供有志于从事网络技术的工作者学习参考。

图书在版编目（CIP）数据

　　网络基础 / 尹霞，邓天翔主编. —北京：冶金工业出版社，2011.2

　　高职高专"十二五"规划教材

　　ISBN 978-7-5024-5476-0

　　Ⅰ．①网…　Ⅱ．①尹…　②邓…　Ⅲ．①计算机网络—高等学校：技术学校—教材　Ⅳ．①TP393

　　中国版本图书馆 CIP 数据核字（2011）第 018970 号

出 版 人　曹胜利
地　　址　北京北河沿大街嵩祝院北巷 39 号，邮编 100009
电　　话　（010）64027926　电子信箱　yjcbs@cnmip.com.cn
责任编辑　马文欢　美术编辑　李　新　版式设计　葛新霞
责任校对　石　静　责任印制　牛晓波
ISBN 978-7-5024-5476-0
北京兴华印刷厂印刷；冶金工业出版社发行；各地新华书店经销
2011 年 2 月第 1 版，2011 年 2 月第 1 次印刷
787mm×1092mm　1/16; 10.75 印张；257 千字；163 页
22.00 元
冶金工业出版社发行部　电话：(010)64044283　传真：(010)64027893
冶金书店　地址：北京东四西大街 46 号(100010)　电话：(010)65289081(兼传真)
（本书如有印装质量问题，本社发行部负责退换）

前　言

当前，中职、高职学校，都在积极探索如何从"学科本位"教学模式转变为符合职业学校特点的教学模式，我们在"专业现代化建设"与"课堂教学模式改革"中作了尝试和深化，其目的是坚持科学发展观，以就业为导向，以能力为本位，以学生为中心，面向社会，面向企业，为学生的职业生涯发展奠定基础。网络基础及相关学科在"两课"改革形势下，进行了项目式教学的尝试与改革。我们调查了一些企业单位，了解了企业在网络技术方面的需求，以及对中职、高职毕业生应具有的基本网络操作能力的要求。在此基础上，围绕实现项目需要的技术重新安排教学内容，组织专业教师编写了本书。本书在"以能力为本位、以职业实践为主线、以项目课程为主体的模块化"指导思想下，"紧抓一主线，培养两意识，体现三融合，突出四特色"。

紧抓一主线：紧抓项目贯穿教材各个环节这一主线。

培养两意识：培养学生创新意识和职业意识。

体现三融合：项目与教学内容相融合；项目与学生综合能力培养相融合；项目与学习质量评价相融合。

突出四特色：项目设计职业化特色、项目内容企业化特色、项目实施个性化特色、项目完成多元化特色。

为了便于教学，本书设计了以下栏目：

任务描述　明确项目中的各个任务，导入该任务的主要内容和要求。

知识预读　归纳相关任务实施前必备的知识和技能。

实践向导　细化任务实施的主要过程和步骤。

小试牛刀　由学生模仿项目任务完成操作，以强化相关技能。

项目总结　完成项目中相关任务后，对项目进行总结。

挑战自我　学生在学习完相应项目后协作完成的综合性实践活动。

注　意　对关键性操作或重要知识的简要指点，穿插在教材中。

在编写过程中，充分考虑了职业学校学生的现状和特点，力争使本书能充分调动学生学习的积极性和主动性，使学生能以一个企业职员的角色来学习相关的知识技能，学以致用。

本书可作为中职、高职教学用书，也可供读者自学之用。本书由尹霞（江苏省惠山中等专业学校）、邓天翔（广东省封开县中等职业学校）担任主编，由李红叶（黑龙江建筑职业技术学院）担任副主编，参与编写的老师有赵晓凤（苏州工业园区工业技术学校）、曲鸣飞（北京电子科技职业学院自动化工程学院）、徐明伍（江苏省姜堰市娄庄中学）、李君（江苏省惠山中等专业学校）。网页设计及编辑技术发展迅猛，项目式教学模式的探索也有待进一步深入。由于笔者水平所限，书中的缺点、疏漏之处在所难免，恳请有关专家和广大读者批评指正。

编　者

2010 年 12 月

目　录

项目1　计算机网络概念

● 项目引言

计算机网络是随着计算机技术与通信技术的发展形成的，是当今计算机学科中发展最为迅速的技术之一，大大缩短了人与人之间的时间与空间距离，对人类社会各方面的发展产生了重大影响。

本项目主要通过实例使读者了解计算机网络的组成、分类以及计算机网络的基本原理。

● 项目概要

模块1　认识计算机网络
　　任务1　认识计算机网络的系统组成
　　任务2　认识计算机网络的分类
模块2　计算机网络技术基础
　　任务1　ISO/OSI 网络参考模型
　　任务2　常见的网络类型

模块1　认识计算机网络

本模块主要介绍计算机网络基础知识，涉及以下两个任务：
(1) 认识计算机网络的系统组成；
(2) 认识计算机网络的分类。

任务1　认识计算机网络的系统组成

【任务描述】

两台计算机相连就可以构成最小的计算机网络，资源共享是计算机网络最基本的功能。请你通过两台联网的计算机实现文件和打印机的共享，并了解你所使用的硬件设备有哪些。

【知识预读】

一、什么是计算机网络

计算机网络就是利用通信设备和线路将地理位置不同的、功能独立的多个计算机系统互联起来，通过功能完善的网络软件实现网络中资源共享和信息传递的系统。

二、计算机网络的组成

（1）计算机。计算机按其功能可分为服务器和客户机。服务器在网络上是为客户机提供各种服务的高性能的计算机，如文件和打印服务、应用服务、备份服务、网络服务等，客户机是指用户直接面对的计算机。

（2）传输介质与通信连接设备。传输介质可分为有线和无线两种，常见的有线传输介质有双绞线和光纤。通信连接设备包括网卡、调制解调器、中继器、集线器、交换机、网桥、路由器和网关等。

（3）网络协议。网络协议是网络中计算机连接需遵循的一些约定规则，不同的计算机之间必须使用相同的网络协议才能进行通信，如 TCP/IP 协议、IPX/SPX 协议、NetBEUI 协议、AppleTalk 协议等。TCP/IP 协议是应用最为广泛的一种，也是连接因特网最基本的协议。

（4）网络软件。网络软件包括网络操作系统和网络应用软件。其中网络操作系统主要针对服务器，常见的网络操作系统有 Windows、Unix 和 Linux 等。网络应用软件可以方便用户使用网络，如即时通讯工具、文件上传下载工具、网络媒体播放软件等。

【实践向导】

　　将两台计算机（分别标记为 Test01 和 Test02，操作系统为 Windows XP）通过集线器或交换机相连。如果有网络实验室可以直接从步骤 5 开始设置。

　　步骤 1：启动计算机（Test01），右击桌面上"网上邻居"图标，选择"属性"命令。在"网上邻居"窗口中右击"本地连接"，如图 1-1 所示，选择"属性"命令。

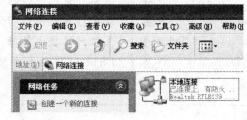

图 1-1　"网络连接"界面

　　步骤 2：在弹出的对话框中选择"Internet 协议（TCP/IP）"，如图 1-2 所示，单击"属性"按钮。

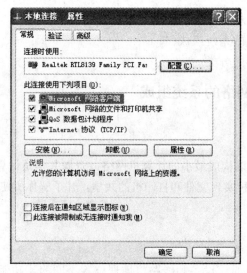

图 1-2　"本地连接 属性"界面

步骤 3：在弹出的对话框中选择"使用下面的 IP 地址"，并输入内容，如图 1-3 所示。

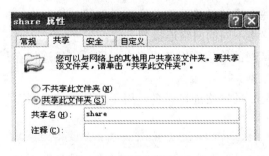

图 1-3　协议属性界面

步骤 4：启动计算机（Test02），与前面设置相同，将 IP 地址更改为 192.168.0.2。

步骤 5：将第一台计算机（Test01）的 D 盘 share 文件夹及打印机设置共享。打开 D 盘，右击 share 文件夹，选择"共享和安全"命令，在弹出的对话框中选中"共享此文件夹"，如图 1-4 所示，单击"确定"按钮。打开"控制面板"中的"打印机和传真"，找到打印机，右击设置共享，如图 1-5 所示。

图 1-4　共享文件夹

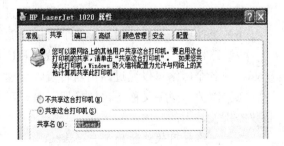

图 1-5　共享打印机

步骤 6：在第二台计算机（Test02）上使用共享。双击桌面上的"网上邻居"图标，在网上邻居窗口中选择"查看工作组计算机"，找到第一台计算机 Test01 并双击，如图 1-6 所示。

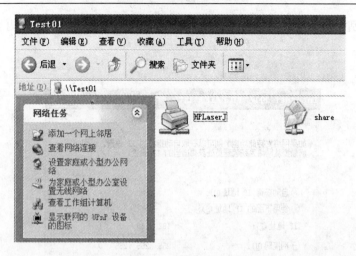

图 1-6　找到 Test 01

步骤 7：双击打印机图标进行打印机的安装。至此，计算机 Test02 就可以使用计算机 Test01 的打印机及 share 文件夹了。

【知识拓展】

一、常见网络连接设备

（1）网卡。全称网络接口卡，也称网络适配器，是计算机连接到网络的最基本的设备，一般集成在计算机的主板上，也可以使用外接方式。

（2）调制解调器。它能把计算机的数字信号翻译成普通电话线传送的脉冲信号，是一般家庭进行拨号上网的设备，传统的调制解调器由于带宽太低，已经淘汰，目前取而代之的是 ADSL 调制解调器。

（3）中继器。中继器是最简单的网络互联设备，它的作用是用来对线路中衰减的信号进行放大，从而达到延长线路的目的。

（4）集线器。其与中继器功能相同，区别在于集线器能够提供多端口服务，也称为多口中继器。

（5）网桥。网桥也称桥接器，是把两个局域网连接起来的桥梁，网桥能将信号从一个网络传到另一个网络，具有数据帧的转发和过滤、协议转换及简单的路径选择功能。

（6）交换机。交换机相当于多个网桥，能够将不同的网络连接到一起。

（7）路由器。路由器主要用于局域网和广域网的连接，用于将多个不同的网络连接在一起，使各个网络可以通过路由器转发、传递数据。

（8）网关。网关又称协议转换器，是一种复杂的网络连接设备，用于连接不同类型而协议差别又较大的网络。

二、网络应用软件结构

网络应用软件主要是针对计算机网络而设计的软件，通过它们，可以更加方便地实现计算机网络的功能。网络应用软件可以分为两类，一类是针对客户机与服务器连接的软件，另一类是基于"对等"技术的软件（即 P2P 软件，用户之间直接建立联系，无需服务器或仅需从服务器实现登录等简单连接，如 BT）。客户机与服务器连接的软件有两种结构，客户/服务器（C/S）结构和浏览器/服务器（B/S）结构。C/S 结构需要安装客户端软件，B/S 结构不需要安装客户端软件，直接通过浏览器连接服务器即可。

【小试牛刀】

利用搜索引擎查找常见的网络连接设备，并了解它们的功能。

任务 2　认识计算机网络的分类

【任务描述】

计算机网络连接形式多种多样。请你使用搜索引擎查找与计算机网络相关的图片，了解计算机网络的分类。

【知识预读】

一、计算机网络的分类

计算机网络的分类方法很多，通常可以从不同的角度对计算机网络进行分类，如表1-1 所述。

表 1-1　计算机网络分类

分类方式	分　类		描　　　述
按网络覆盖范围分类	局域网		在局部地区范围内的网络，它所覆盖的地区范围较小，一般在几十米到几公里。其特点是易于维护、扩展
	城域网		一个城市范围内的网络，一般在几十公里以内。通常采用与局域网相同的技术
	广域网		其作用范围通常在数百公里以上，它是将多个局域网互联后形成的更大范围的网络。因特网是全球范围内的广域网
按拓扑结构分类	总线型		把各个计算机或其他设备均连接到一条公用的总线上，各个计算机公用这一总线
	环型		环型结构网络是将各个计算机与公共的线缆连接，同时线缆的首尾连接，形成一个封闭的环
	星型		各节点由单独的链路与中心节点相连，除中心节点外任何两个节点间无直接连通的链路，分节点间的通信必须通过中心节点间接实现
	树型		树型结构网络是天然的分级结构，它包括根结点和各分支结点，又被称为分级的集中式网络
	网状型		网络中各节点的连接没有一定的规则，每个结点至少有两条链路与其他结点相连，任何一条链路出故障时，数据报文仍可经过其他链路传输，可靠性较高
按传输介质分类	有线网	双绞线	双绞线是局域网中最常用的连接线，它的有效距离一般在 100m 以内，典型的双绞线由 4 对绝缘的铜导线相互缠绕而成
		同轴电缆	同轴电缆由相互绝缘的同轴心导体构成，受外界干扰少，分粗缆和细缆
		光纤	光纤不会受到电磁的干扰，传输的距离也比电缆远，传输速率高。一般室内直接使用两根光纤连接，室外需要增加保护套，即光缆，光缆包含多对光纤
	无线网		一般采用微波、红外线、激光等技术实现无线连接
按通信方式分类	点对点式		数据以点到点的方式在计算机或通信设备中传输，两个节点之间可以有多条单独的链路
	广播式		数据在一条共享的通信介质中进行传播，网络中的所有节点都收到节点发出的数据信息。传输方式有 3 种：单播、组播和广播
按网络使用范围分类	公用网		为公众提供服务的网络，一般由政府部门管理控制
	专用网		由某个单位或部门组建，相对独立，有专门的传输线路，也有租用电信部门的线路，如国防、银行等系统有自己的专用网络

二、网络拓扑结构

把网络中的计算机及通信设备抽象为"点"，把网络中的电缆等传输介质抽象为"线"，从拓扑学的观点看计算机网络，就形成了点和线组成的平面图形，从而抽象出网络系统的具体结构。采用拓扑学方法抽象出来的结构就是计算机网络的拓扑结构。

【实践向导】

步骤 1：打开 Internet Explorer,在地址栏输入 http://www.baidu.com，打开百度搜索引擎，选择图片搜索，如图 1-7 所示。

图 1-7　百度搜索引擎

步骤 2：在搜索文本框中输入关键字"计算机网络示意图"，单击"百度一下"按钮，搜索到相关图片，如图 1-8 所示。

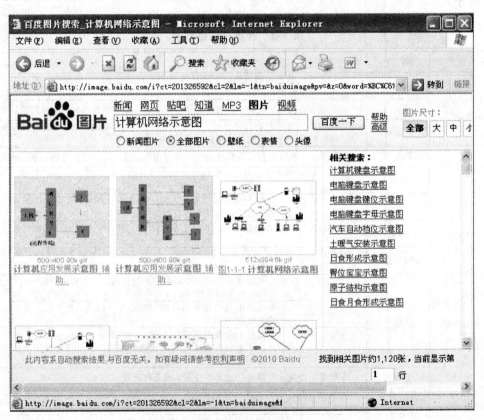

图 1-8　搜索页面

步骤 3：查看计算机网络相关图片，如图 1-9、图 1-10 所示。

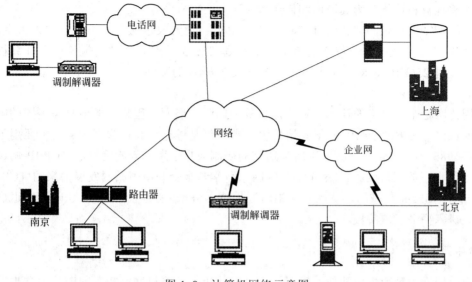

图 1-9　计算机网络示意图

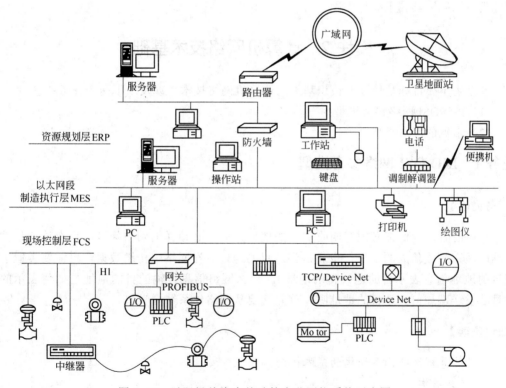

图 1-10　以现场总线为基础的企业网络系统示意图

【知识拓展】

一、网络带宽

在计算机网络中，带宽用来表示网络的通信线路所能传送数据的能力，网络带宽表示在单位时间内从网络中某一点到另一点所能通过的"最高数据率"。按照带宽的大小，有时也可将计算机网络分为高速网和低速网。

网络带宽的单位为"比特/秒",记作"bit/s";通常表示文件大小的单位为"字节",记为"B"。要注意二者单位上的差别。如家庭 2M 的宽带,它的传输速度在计算机上显示不会超过 256KB/s,即理论上每秒最多下载 256KB 的文件。

二、因特网简介

因特网是全球最大的计算机网络,也称为国际互联网。因特网的前身是美国的阿帕网(ARPAnet)。阿帕网于 1969 年开始启用,当时仅是进行计算机联网实验,主要用于军事研究。1983 年,阿帕网与美国国防部通信局研制成功了用于异构网络的 TCP/IP 协议,从而诞生了真正的因特网。1986 年,美国国家科学基金会利用阿帕网发展出来的 TCP/IP 协议建立了 NSFnet 广域网,从此,阿帕网逐步被 NSFnet 所替代。1990 年,阿帕网退出,因特网也进入商业发展阶段。

【小试牛刀】

换个搜索引擎或使用其他关键字,尝试查找更多计算机网络相关的图片,并根据不同的分类方法判断其属于哪种类别。

模块 2 计算机网络技术基础

本模块主要目标是使读者认识基本的计算机网络技术,涉及以下两个任务:

(1) ISO/OSI 网络参考模型;

(2) 常见的网络类型。

任务 1 ISO/OSI 网络参考模型

【任务描述】

在写信时,我们都必须写明收信人的地址,而且必须详细到门牌号,只有这样信件才能准确地寄到收信人的手里,也就是到达目的地址。在网络中传送数据,也需要类似于门牌号的地址信息表示目的地(目的地址)。那么网络信息传输的目的地址是如何表示的?信息从发送端如何到达目的地址呢?首先就要从网络体系结构学起。

【知识预读】

一、计算机网络体系结构的基本概念

1. 体系结构

计算机网络体系结构(architecture)是指这个计算机及其部件所应完成功能的一组抽象定义,是描述计算机网络通信方法的抽象模型结构,一般是指计算机网络的各层及其协议的集合。

2. 协议

协议(protocol):网络中的计算机与终端间传递信息和数据,在数据传输的顺序、数据的格式及内容等方面有一个约定或规则,称为协议。协议主要由以下 3 个要素组成。

（1）语法。语法（syntax）是将若干个协议元素和数据组合在一起，用来表达一个完整的内容所应遵循的格式，也就是对信息的数据结构做一种规定。语法是与数据表示形式有关的方面，如文字、声音、图形的表示，数据格式的转换，数据的压缩、加密等。

（2）语义。语义（semantics）是对协议元素的含义进行解释，不同类型的协议元素所规定的语义是不同的。语义是与数据内容、意义有关的方面。

（3）时序。时序（timing）是对事件实现顺序的详细说明。如在双方进行通信时，发送方发出数据，若目标点正确收到，则回答源点接受正确，否则要求源点重发一次。

由此可以看出，协议实质上是网络通信时所使用的一种语言。

二、ISO/OSI 网络参考模型

1. ISO/OSI 互联的历史

层和协议的集合称为网络体系结构。但是，由于网络体系结构的不同，一个厂商的计算机很难和其他厂商的计算机互相通信。20 世纪 70 年代末，国际标准化组织（International Standards Organization,ISO）提出了开放系统互联参考模型，即 OSI/RM（open system intetconnevtion/reference model），也称为 ISO/OSI。1981 年，ISO 正式公布了 OSI/RM 作为网络体系结构的国际标准。在这样的规范下，计算机网络才能发展到今天这样一个结构复杂、功能强大的系统。

2. OSI 参考模型及分层原则

OSI 参考模型共分 7 层，由低到高依次是：物理层、数据链路层、网络层、传输层、会话层、表示层和应用层，如图 1-11 所示。

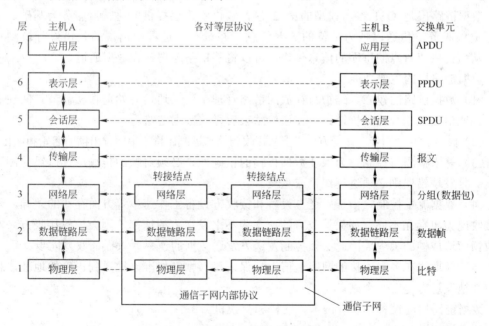

图 1-11　OSI 网络参考模型分层结构图

OSI 分层的原则是：

（1）根据功能需要进行分层，每层应当实现一个定义明确的功能。

（2）网中各节点都有相同的层次，相同的层次具有同样的功能。

（3）同一节点内相邻层之间通过接口通信。

（4）每一层使用下层提供的服务，并向其上层提供服务。

（5）不同节点的同等层按照协议实现对等层之间的通信。

（6）层次应该足够多，以使每一层小到易于管理，但也不能太多，太多的层次会造成系统的结构冗余。

三、OSI 参考模型各层功能概述

1. 物理层

物理层是 OSI 模型的最底层，它向下直接与传输介质相连接，向上相邻且服务于数据链路层，其作用是确保通信信道上传输的 0 和 1 的二进制比特流能在物理信道上传输。但它并不是指物理传输介质，而是介于数据链路层和物理传输介质之间的一层，起着数据链路层到物理传输介质之间的逻辑接口的作用。注意，只有该层是真正的物理通信，其他各层均是虚拟通信。物理层实际是设备之间的物理接口，它要提供物理硬件连接。

物理层实际上就是把网络通信设备连接在一起，它需要解决的是使用什么样的接头、需要什么类型的线缆、使用什么型号的设备等。

物理层提供为建立、维护和释放物理连接所需要的机械、电气、功能与规程的 4 种基本功能特性，包括电压、电缆数、数据传输速率、最大传输距离、物理连接介质和接口等的定义。

物理层的设备主要有中继器和集线器。

2. 数据链路层

数据链路层是 OSI 参考模型的第 2 层，它以物理层提供的比特流服务为基础，为网络层提供服务，传送以帧为单位的数据信息，并对传输过程中出现的差错进行检测与纠正，从而提供点对点的可靠的信息传输，可以将其粗略地理解为数据通道。

数据链路层的主要功能有：

（1）数据链路的建立、维护与释放的链路管理工作。通信开始前在相邻节点间建立链路，在通信过程中维持数据链路，在通信结束后释放数据链路。

（2）帧传输和帧同步。接受方应当能从接收到的二进制比特流中区分出帧的起始和终止。

（3）差错检测与控制。为保证数据传输的正确性，必须对帧的传输进行差错检测和控制，一旦发现错误则必须进行纠错或重发。

（4）数据流量控制。由于发送方设备和接收方设备工作速率等方面存在的差异，双方的接收能力也存在不同，如果接收方的速率跟不上发送方的速率，则会导致接收方来不及接收帧而造成帧的丢失，因此必须控制发送方发送数据的速率，以保证双方同步。

（5）寻址。在多点连接的网络通信中，保证每一帧都能准确地送到正确的地址，接收方也知道发送方是哪一个站。

数据链路层的设备主要有网卡、网桥和交换机。

3. 网络层

网络层 OSI 参考模型中的第 3 层。网络层是通信子网和用户资源子网之间的接口，也是高、低层协议之间的界面层。网络层提供路由和寻址的功能，使两终端系统能够互联且决定最佳路径，并具有一定的拥塞控制和流量控制的能力。

网络层的作用是实现分别位于不同网络的源节点与目的节点之间的数据包传输，它和数据链路层的作用不同，数据链路层只是负责同一个网络中的相邻两节点之间链路管理和帧的传输等问题，当两个节点分布在不同的网络中时，网络层可以保证数据包从源节点到目的节点的正确传输，当两个节点连接在同一个网络中时，可能并不需要网络层。

网络层的主要功能有 3 点：路径选择与中继、流量控制、网络连接建立与管理。

网络层的主要设备是路由器和 3 层交换机。

4. 传输层

传输层是用户资源子网和通信子网的接口和桥梁，它完成了资源子网中两节点间的直接逻辑通信，实现了通信子网端到端的可靠传输。传输层的下面 3 层（属于通信子网）完成有关的通信处理，传输层的上面 3 层（属于用户资源子网）面向数据处理。因此，传输层位于高层和低层之间，在 OSI 的 7 层网络参考模型中起着承上启下的作用，是整个网络体系结构中最重要和最复杂的一层。传输层在网络层提供服务的基础上为高层提供两种基本的服务：面向连接的服务和面向无连接的服务。

在传输层，数据传送的单位是报文。所谓报文是网络中交换与传输的数据单元，报文包含了将要发送的完整的数据信息，其长短很不一致。

传输层的主要功能有：

（1）将会话层传来的数据分成较小的信息单位，经通信子网实现两主机间可靠的端到端的通信。

（2）建立、维护和拆除传递连接的功能，保证网络连接的质量。

（3）负责错误的确认和恢复，向高层提供可靠的透明数据传送。

5. 会话层

所谓会话，是指在两个用户进程之间为完成一次通信，也就是为交换信息而按照某种规则建立的一次暂时联系。通常，建立一次会话需要有一个过程，包括建立、维护和结束会话连接。在这个过程中，首先，会话双方都必须经过批准，以保证有参加会议的权利。其次，会话双方要确定通信方式，单工、半双工还是全双工。一旦连接建立，会话层的任务就是管理会话了。

会话层的主要功能是向会话的应用进程之间提供会话组织和同步服务，对数据的传送提供控制和管理，以达到协调会话的过程，为表示层提供更好的服务。

6. 表示层

在计算机网络中，互相通信的应用进程需要传输的是信息的语义，它对通信过程中信息的传送语法并不关心。表示层的主要功能是通过一些编码规则定义在通信中传送这些信息所需要的传送语法，以保证一个系统的应用层送出的信息可以被另一个系统的应用层所读取。就好像我们给某个人写信，寄给对方的信件必须能让对方看懂，如果对方只懂英文，而你写的是中文信件，则必须把中文翻译成英文，这也就是表示层的语法处理功能。除此以外，数据加密、数据压缩等的工作都是由表示层完成的。

7. 应用层

应用层是 OSI 参考模型中的最高层，直接面向用户，是最终用户应用程序访问网络服务的地方，是网络服务与使用者应用程序之间的一个接口，它负责保证整个网络应用程序一起很好地工作。这里也正是最有意义的信息传过的地方。

应用层的主要功能是提供完成特定的网络服务功能所需的各种应用协议，如 HTTP、

SMTP 等。网络服务功能主要包括文件传输、文件管理、电子邮件（E-mail）服务、打印服务、集成通信服务、网络管理服务、安全服务、分布式数据库服务、虚拟终端等。

在 OSI 网络参考模型中，每一层使用下层提供的服务，并向其上层提供服务。不同节点的同等层按照协议实现对等层之间的通信，同一节点内相邻层之间通过接口通信。

【实践向导】

（1）通过查阅资料或上网查询简单了解 OSI 参考模型中属于下 3 层的主要设备的特点和特性。

步骤 1：打开 Interner Explorer，在地址栏输入http://www.baidu.com，打开百度首页。

步骤 2：在输入栏中输入如"网卡"等作为关键字，单击"百度一下"按钮。

步骤 3：在搜索到的页面内容中选择相应的条目点击查看。

（2）每台上网的计算机都必须安装网卡，网卡属于数据链路层，每个网卡（NIC）都有一个物理地址，即 MAC 地址，这个 MAC 地址在它出厂前，由网卡制造商写入网卡的 ROM 芯片中。假如将网卡插在计算机的主板上，就能借助软件看到这个 MAC 地址。MAC 地址是全世界唯一的，不存在两块相同 MAC 地址的网卡。

我们可以通过应用 ipconfig/all 命令查看网卡物理地址。

步骤 1：在 Windows 操作系统中选择"文件"→"运行"命令，打开"运行"对话框。在"运行"对话框中输入"cmd"，单击"确定"按钮，如图 1-12 所示。

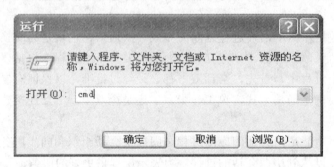

图 1-12　"运行"对话框

步骤 2：在"cmd.exe"窗口中输入"ipconfig/all"命令，如图 1-13 所示。

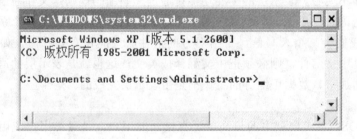

图 1-13　"cmd.exe"窗口

步骤 3：显示网卡信息，如图 1-14 所示。

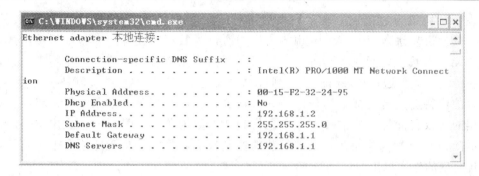

图 1-14　显示网卡 MAC 地址

【知识拓展】

下面我们来看一下网络中的数据是如何从源地址发送到目的地址的，也就是数据传输的整个过程。

以源主机向目的主机发送电子邮件为例，如图 1-15 所示，D 表示数据，在这里就是邮件内容，我们来看一下邮件内容是如何从源主机发送到目的主机的。

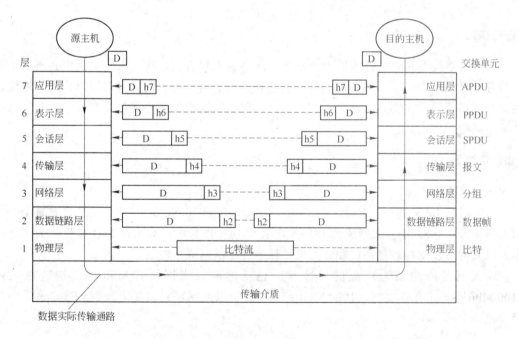

图 1-15　数据传输过程图

在数据传输的整个过程中都贯穿着不断封装和拆装。所谓封装，就是在发送数据时，数据在经过每层时需要添加相应的该层报头信息，再以数据单元的方式继续发送到下一层；所谓拆装，就是在接收时，在每层去掉相应的报头信息，使数据逐步还原成最初发送时的样子，使接收端能收到正确的数据。

具体过程是：当邮件发送后，首先进入应用层，应用层协议会加上它的控制报头——应用层报头（对应图 1-15 中的 h7），封装成应用层数据单元。应用层数据单元进入表示层，表示层协议为数据加上表示层报头（对应图 1-15 中的 h6），封装成表示层数据单元。依次逐步进入每一层，并由每一层的协议为数据单元加上对应的报头组成新的数据单元。当数据单元进入物理层的时候，数据单元变成比特流，开始物理通信，比特流在传输介质上通过 Internet 传输到目的主机端。在目的主机端也就是接收端，物理层接收的比特流被转化成数据链路层的数据单元。从数据单元进入数据链路层开始，由每层的协议拆除掉对应的控制报头，得到新的数据单元。最后，在应用层由应用层协议拆除掉应用数据单元在发送端封装的控制报头，将数据单元还原成电子邮件的正文，传给目的地主机用户。

【小试牛刀】

（1）您可能对网络游戏感兴趣，那么能不能用本模块所学的知识试着分析一下，您的计算机与游戏服务器之间是如何进行数据传递的？

（2）通过查阅资料及上网查询，并结合本模块所学内容，思考一下黑客和网络协议之间存在什么样的关系？黑客从哪一层获取数据？

任务 2　常见的网络类型

【任务描述】

随着网络技术和通信技术的不断发展，网络越来越普及，成为人们生活中必不可少的一部分。仔细观察一下，在我们的周围有各种各样的网络，它们的网络结构、网络规模、网络功能都不同，在实现方法上也有所不同，要了解这些，首先就让我们来了解一下常见的网络类型。

【知识预读】

一、以太网

以太网是 LAN 的一种技术。1980 年，DEC、Intel 和 Xerox 3 家公司联合宣布了一个以太网标准，1985 年以太网成为 IEEE802.3CSMA/CD 标准，后来被 ISO 接受作为国际标准。以太网可以支持各种协议和计算机硬件平台，组网成本较低。

以太网是应用最为广泛的局域网，包括标准以太网（10 Mbit/s）、快速以太网（100 Mbit/s）、千兆以太网（1000 Mbit/s）和 10G 以太网，它们都符合 IEEE802.3 系列标准规范。

1. 标准以太网

标准以太网传输速率通常为 10 Mbit/s，因此也常称之为 10M 以太网。常用的标准以太网（见表 1-2）有以下几种：

（1）10Base-5 标准以太网，或称粗缆以太网。使用总线型拓扑结构，所有站都经过一根同轴电缆连接，站间最短距离为 2.5 m。一条电缆的最大距离为 500 m，每段最多可以有 100 个站。其中，10 表示 10 Mbit/s 的传输速率，Base 表示基带传输，5 表示每区段 500 m（网络中的共享介质称为网络区段）。

（2）10Base-2 标准以太网，或称细缆以太网。10 表示 10 Mbit/s 的传输速率，Base 表示基带传输，2 表示每区段 200 m（实际为 185 m）。

（3）10Base-T 标准以太网，或称双绞线以太网。使用不超过 100 m 的双绞线将每一台网络设备连接到集线器。

（4）10Base-F 标准以太网，或称光缆以太网。利用光纤作为传输介质，对每一条传输链路均采用两根光纤，每条光纤上传输一个方向上的信号。

表 1-2　标准以太网各种传输介质的性能比较

名　称	电　缆	最大区间长度/m	结点数/段	优　点	接　口
10Base-5	粗同轴电缆	500	100	用于主干很好	AUI
10Base-2	细同轴电缆	200(185)	30	最便宜的系统	BNC
10Base-T	双绞线	100	1024	易于维护	RJ-45
10Base-F	光纤	2000	1024	最适合于楼间使用	光纤接口

2. 100M 以太网

随着网络的发展，标准以太网技术已难以满足日益增长的网络数据流量速度的需求。虽然光纤分布式数据接口（FDDI）传输速率较快，但它是一种价格非常昂贵的、基于 100 Mbit/s 光缆的 LAN。1993 年 10 月，Grand Junction 公司推出了世界上第一台快速以太网集线器和网络接口卡，快速以太网技术正式得以应用。1995 年 3 月，IEEE 宣布了 IEEE802.3u 100Base-T 快速以太网标准（fast ethernet），就这样开始了快速以太网的时代。100 Mbit/s 快速以太网主要包括两种：100Base-T 和 100VG-AnyLAN。

（1）100Base-T。100Base-T 是由 10Base-T 发展而来的，但网络速度提高了 10 倍。它仍然遵循 IEEE802.3 标准，采用星型拓扑结构，不需要对站点的以太网卡上的软件和上层协议做任何修改，就可以使局域网上的 10Base-T 和 100Base-T 站点间相互通信，也就是这方面比较容易，只需更换网卡和集线器。

100Base-T 支持多种网络传输介质，如双绞线、光缆等，但不支持同轴电缆。目前 100Base-T 标准包括 3 种规范：100Base-TX、100Base-T4 和 100Base-FX。

（2）100VG-AnyLAN。VG 代表声音级（voice grade），表示采用音频非屏蔽双绞线作为物理媒体。100VG-AnyLAN 和 100Base-T 不同的是采用了完全不同的介质访问控制方法和协议。100VG-AnyLAN 是 HP 公司的标准，它的设备不能与现有的以太网设备一起使用，因而 10 Mbit/s 以太网的用户难以向 100VG-AnyLAN 过渡，因此，采用这种技术组网的用户就很少。

3. 千兆以太网

千兆以太网遵从 IEEE802.3z 建议（1998 年成为标准），传输介质采用 100M STP 屏蔽双绞线（100Base-CX）的传输距离为 25 m，采用 5 类 UTP 非屏蔽双绞线（100Base-T）的传输距离为 100 m，采用多模光纤（1000Base-SX）的距离为 500 m，单模光纤（1000Base-LX）的距离为 3 km。

与 100M 以太网相比，千兆以太网设备价格高 3～4 倍，但带宽却增加 10 倍，而且同样的带宽，千兆以太网需要的电缆要少得多。目前，千兆以太网已经发展成为主流网络技术。大到成千上万人的大型企业，小到几十人的中小型企业，在建设企业局域网时都会把千兆以太网作为首选的高速网络技术。千兆以太网技术甚至正在取代 ATM 技术，成为城域网建设的主力军。

4. 10G 以太网

10 Gbit/s 以太网标准已经由 IEEE 802.3 工作组于 2000 年正式制定，10G 以太网仍使用与以往 10 Mbit/s 和 100 Mbit/s 以太网相同的形式，它允许直接升级到高速网络。10 Gbit/s 以太网同样使用 IEEE 802.3 标准的帧格式，使用全双工工作方式，只使用光纤作为传输媒体而不使用铜线，使用点对点链路、支持星型结构的局域网；10G 以太网数据率非常高，不直接和端用户相连。10G 以太网仍然是以太网，只不过更快。

随着局域网、广域网和城域网的界限越来越模糊，网络的统一成了大势所趋。在不需要大量网管的情况下，如何简单、经济地将各个网络连接起来是一个急需解决的问题，而10G 以太网技术可望解决这种问题。

二、令牌环网

令牌环网是 IBM 公司于 20 世纪 70 年代发展的，现在这种网络比较少见。之所以称为环，是因为这种网络的物理结构具有环的形状。

令牌环上传输的数据格式（帧）为令牌帧。如果环上的某个工作站想发送信息帧时，必须首先等待令牌；令牌一到，便通过将比特置"1"来抓住令牌，随后将其余想传输的字段添加在首字段后，形成一个完整的帧发送到环上下一站。当信息帧环绕一周后，网络中没有令牌，这就意味着想传送帧的其他站必须等待。因此，令牌环网络中不会发生传输冲突。

三、ATM 网

异步传输模式 ATM（asynchronous transfer mode）开发始于 20 世纪 70 年代后期，是一种较新型的、在 LAN 或 WAN 上传送声音、视频图像和数据的网络交换技术。同以太网、令牌环网、FDDI 网络等使用可变长度包技术不同，ATM 使用 53 字节固定长度的单元进行交换，其中 5 个字节为头部，48 个字节为信息部分。ATM 采用光纤作为网络的传输介质，具有以下优点：

（1）ATM 使用相同的数据单元，可实现广域网和局域网的无缝连接。

（2）ATM 支持 VLAN（虚拟局域网）功能，可以对网络进行灵活的管理和配置。

（3）ATM 具有不同的速率，分别为 25、51、155、622（单位：Mbit/s），从而为不同的应用提供不同的速率。

四、FDDI

FDDI 光纤分布式数据接口（fiber distributed data interface）是于 20 世纪 80 年代中期发展起来的一项局域网技术，是一种在实际中应用较多的高速环型网络。它提供的高速数据通信能力要高于当时的以太网（10 Mbit/s）和令牌网（4 bit/s 或 16 Mbit/s）的能力，是计算机网络技术向高速化阶段发展的第一项高速网络技术。FDDI 标准由 ANSI X3T9.5 标准委员会制定，为繁忙网络上的高容量输入输出提供了一种访问方法。FDDI 使用双环架构，两个环上的流量在相反方向上传输。双环由主环和备用环组成。在正常情况下，主环用于数据传输，备用环闲置。

FDDI 使用光纤作为传输介质，使用多模光纤的最大站间距离为 2 km，环路长度为100 km，即光纤长度为 200 km。FDDI 支持同步和异步传输，数据传输速率高，可达

100Mbit/s。FDDI 网络的主要缺点是：结构相对复杂，价格昂贵，从以太网升级更是面临大量设备更换的问题。

FDDI 的访问方法与令牌环网的访问方法类似，在网络通信中均采用"令牌"传递。它与标准的令牌环又有所不同，FDDI 网络可在环内传送几个帧。这可能是由于令牌持有者同时发出了多个帧，而非在等到第一个帧完成环内的一圈循环后再发出第二个帧。令牌接受了传送数据帧的任务以后，FDDI 令牌持有者可以立即释放令牌，把它传给环内的下一个站点，无需等待数据帧完成在环内的全部循环。

FDDI 用得最多的是用作校园环境的主干网。这种环境的特点是站点分布在多个建筑物中。FDDI 也常常被划分在城域网 MAN 的范围。

五、无线局域网

自 Intel 推出首款自带无线网络模块的迅驰笔记本处理器以来，无线局域网（wireless local area network，WLAN）已经成为目前最新、也是最热门的一种局域网。无线局域网与传统的局域网主要不同之处就是传输介质不同，传统局域网都是通过有形的传输介质进行连接的，如同轴电缆、双绞线和光纤等，而无线局域网则是采用空气作为传输介质的。正因为它摆脱了有形传输介质的束缚，所以这种局域网的最大特点就是自由，只要在网络的覆盖范围内，可以在任何一个地方与服务器及其他工作站连接，而不需要重新铺设电缆。这一特点非常适合那些移动办公一族，有时在机场、宾馆、酒店等，只要无线网络能够覆盖到，它都可以随时随地连接上网络。

无线局域网所采用的是 802.11 系列标准，它也是由 IEEE 802 标准委员会制定的。目前这一系列标准主要有 4 个，分别为：802.11b、802.11a、802.11g 和 802.11z。最开始推出的是 802.11b，它的传输速度为 11 MB/s，随后推出了 802.11a 标准，它的连接速度可达 54 MB/s。但由于两者不能互相兼容，所以又推出了兼容 802.11b 与 802.11a 两种标准的 802.11g，这样原有的 802.11b 和 802.11a 两种标准的设备都可以在同一网络中使用。802.11z 是一种专门为了加强无线局域网安全的标准。因为任何进入无线局域网络覆盖区的用户都可以轻松以临时用户身份进入网络，给网络带来了极大的不安全因素，因此又推出了 802.11z 标准，专门就无线网络的安全性方面作了明确规定，加强了用户身份论证制度，并对传输的数据进行加密。

无线局域网具有安装便捷、使用灵活、经济节约、易于扩展等特点，因此，其发展非常迅速，在最近几年里，WLAN 已经在不适合网络布线的场合得到了广泛的应用。

【知识拓展】

在本任务中我们多次提到 IEEE802 标准，接下来，就让我们一起来了解一下 IEEE802 标准。

IEEE（Institute of Electrical and Electronics Engineers）是美国电气和电子工程师学会的简称，该学会致力于电气、电子、计算机工程和与科学有关的领域的开发和研究。

IEEE802 是一个局域网协议标准系列，其作用是为局域网 LAN 内的数字设备提供一套连接的标准，后来又扩大到城域网 WAN。

IEEE802 协议只包括物理层和数据链路层，它仿照了 OSI 参考模型，如表 1-3 所示。

表 1-3　IEEE802 标准系列

标　准	功　能
IEEE802.1A	综述体系结构
IEEE802.1B	寻址、网间互联和网络管理
IEEE802.2	逻辑链路控制 LLC
IEEE802.3	CSMA/CD 总线介质访问控制方法和物理层技术规范
IEEE802.4	令牌总线控制方法和物理层技术规范，物理结构采用总线型，逻辑结构采用环型
IEEE802.5	令牌控制方法和物理层技术规范
IEEE802.6	城域网 MAN 访问控制方法和物理层技术规范
IEEE802.7	宽带技术
IEEE802.8	光纤技术（FDDI）
IEEE802.9	（ISDN）控制方法和物理层技术规范
IEEE802.10	局域网安全性标准
IEEE802.11	无线局域网标准

【小试牛刀】

请通过网络及资料的查阅分析手机的网络类型是什么，有什么特点？

+·+

● 项目总结

本项目首先从计算机网络的系统组成的分析中使读者了解计算机网络的定义，认识计算机网络的功能和应用。接着从不同角度对网络进行了分类介绍，使读者从不同的角度更好地认识和理解计算机网络。

本项目还讲述了计算机网络体系结构中的 ISO/OSI 参考模型各层次的功能、特性等，分析比较了几种常见的网络类型，这些知识的讲解可以使读者了解一些基本的计算机网络技术。

● 挑战自我

一、填空题

（1）网络按分布区域可分为＿＿＿＿＿＿＿＿、＿＿＿＿＿＿＿＿＿＿和＿＿＿＿＿＿＿＿。

（2）计算机网络的系统由＿＿＿＿＿＿＿＿和＿＿＿＿＿＿＿＿组成。

（3）在 OSI 参考模型的各层中，向用户提供可靠的端到端服务，透明地传送报文的是＿＿＿＿＿。

二、选择题

（1）计算机网络的主要功能是＿＿＿＿＿。

　　A．数据通信与资源共享　　　　　　　　B．节省开支

　　C．数据处理　　　　　　　　　　　　　D．提高效率

（2）中心结点故障会造成整个系统瘫痪的是＿＿＿＿。

　　A．总线型网　　　　B．环型网　　　　C．星型网　　　　D．网状型网

（3）大型的广域网一般采用_____拓扑结构。

  A．星型   B．树型   C．总线型   D．网状型

（4）完成路径选择是在 OSI 模型的_____。

  A．物理层   B．数据链路层 C．网络层   D．传输层

（5）在令牌环网中，令牌的作用是_____。

  A．向网络的其余部分指示一个结点有限发送数据

  B．向网络的其余部分指示一个结点忙不能发送数据

  C．向网络的其余部分指示一个广播消息将被发送

  D．以上都不是

（6）100Base-T 中的 100 表示_____。

  A．传输速率为 100 Mbit/s

  B．传输速率为 100 MB/s

  C．网络的最大传输距离为 100 km

  D．网络的联网主机为最多 100 台

三、实践题

  试举几个计算机网络应用的实例。

项目2　局域网组网技术

● 项目引言

　　随着信息技术的迅猛发展，局域网已经深入到人们日常生活的每一个角落，一些家庭、宿舍、居民小区、公司、学校、政府机关相继建立了自己的局域网。局域网是现代办公的必备环境，局域网的安全性、高效性、稳定性决定了现代办公环境的安全性、高效性和稳定性。

　　本项目主要介绍局域网组网技术中网络硬件网卡的相关知识，使读者掌握双绞线的制作及测试，信息插座与配线架的安装以及家庭小型局域网的组建。

● 项目概要

　　模块1　网络接口卡

　　模块2　局域网传输介质

　　　任务1　双绞线制作及测试

　　　任务2　信息插座与配线架的安装

　　模块3　家庭小型局域网的组建

　　　任务1　组建家庭用小型局域网

　　　任务2　将家用小型局域网接入互联网

模块1　网络接口卡

一、网络接口卡的概念

　　网络接口卡（NIC）是局域网中最基本的部件之一，有时也称为网卡或网络适配器，是物理上连接计算机与网络的硬件设备。

二、网卡的作用

　　网卡主要有两大作用：一是负责接收网络上传过来的数据包，解包后，将数据通过主板上的总线传输给本地电脑；二是将本地电脑上的数据打包后送入网络。对于网卡而言，每块网卡都有唯一的网络节点地址，它是网卡生产厂家在生产时烧入 ROM 中的，并且保证绝对不会重复。

三、网卡的类型

　　网卡按照分类方法不同，其类型也不相同。常用的分类介绍如下。

1. 按接口类型分类

　　按接口分类，网卡可以分为 ISA 网卡、PCI 网卡、PCI-E 网卡和 USB 网卡。

（1）ISA 网卡。ISA 网卡的外观如图 2-1 所示。ISA（industry standard architecture,工业标准结构）网卡的传输速率一般为 10 Mbit/s,由于它占用了大量的 CPU 资源，并且传输速率相对较低，所以目前电脑中的 ISA 总线接口已经被淘汰，ISA 网卡在市场上已经很少见到。

（2）PCI 网卡。PCI 网卡的外观如图 2-2 所示。PCI（peripheral component interconnect,外部设备扩展接口）网卡是目前市场上最常见、使用最广的网卡。PCI 网卡传输速率快（最大数据传输率为 132 Mbit/s),并且不占用 CPU 资源，理所当然地取代了ISA 网卡。

图 2-1　ISA 网卡

图 2-2　PCI 网卡

（3）PCI-E 网卡。PCI-E 网卡的外观如图 2-3 所示。PCI-E（peripheral component interconnect express,外部设备高速接口）是第 3 代互联技术产品，它将取代 PCI、AGP 网卡。它采用串行传输数据的模式（PCI 网卡采用并行传输模式）。相比于 PCI 网卡，它的最大优势就是传输数据速率快。

（4）USB 网卡。USB 网卡的外观如图 2-4 所示。目前，很难找到没有 USB 接口（universal serial bus,通用串行总线）的电脑，USB 总线分为 USB2.0 和 USB1.1 标准。USB1.1 标准的传输速率的理论值是 12 Mbit/s,而 USB2.0 标准的传输速率可以高达480 Mbit/s。目前的 USB 有线网卡多为 USB2.0 标准的。

图 2-3　PCI-E 网卡

图 2-4　USB 网卡

2. 按使用对象的不同来分类

根据工作对象的不同，网卡可以分为普通工作站网卡、服务器专用网卡和笔记本专用网卡 PCMCIA。

（1）普通工作站网卡。普通工作站网卡的外观如图 2-5 所示。现在市场上最常见的网卡就是普通个人电脑网卡，其传输速率一般为 10～100 Mbit/s，已基本满足个人电脑用户的使用。这类网卡具有价格低廉、工作稳定、安装方便等优点。

（2）服务器专用网卡。普通工作站网卡的外观如图 2-6 所示。服务器专用网卡是专门为服务器设计的，由于采用了专用的控制芯片，它能独立完成网络中的大量数据处理工作，并具有高传输率、低占用率等优点，非常适合网络服务器的工作要求。

图 2-5　普通工作站网卡

图 2-6　服务器专用网卡

（3）笔记本专用网卡 PCMCIA。笔记本专用网卡 PCMCIA 的外观如图 2-7 所示。除了普通工作站和服务器专用网卡外，还有一种专门为笔记本电脑设计的网卡，即 PCMCIA。笔记本网卡具有体积小、功耗低、安装方便等优点。随着集成度不断地提高，还出现了网卡和 Modem 二合一的 FCMCI 网卡，网卡的功能逐渐地由单一型向多功能型转变。由于笔记本电脑需要经常移动，如果将其连上网络电缆，使用时则很不方便。因此，大多数笔记本电脑都使用了无线网卡。

图 2-7　笔记本专用网卡 PCMCIA

3. 按传输介质的不同来分类

根据传输介质的不同，网卡可以分为有线网卡和无线网卡。

（1）有线网卡。有线网卡的外观如图 2-8 所示。有线网卡是通过连接有线传输介质

（如双绞线、粗缆或光缆等）来进行数据传输的，目前在市场中占有很大的比例。但随着无线网卡的发展，其市场占有份额已呈现出逐年下降的趋势。

（2）无线网卡。无线网卡的外观如图 2-9 所示。随着无线网卡的发展，无线网卡的使用已越来越广泛。无限网卡与有线网卡的最大区别是它不需要连接网络电缆，而是通过红外线或电磁波来传输信息。由于网络技术的迅速发展，目前采用 IEEE802.11b 标准的无线网卡的最高速率可达 22 Mbit/s。不过无线网卡的价格比较高，一般在几百元或上千元。

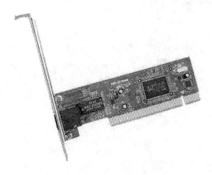

图 2-8　有线网卡　　　　　　　　　　　图 2-9　无线网卡

4．按传输速率来分类

按传输速率的不同，网卡可以分为 10 Mbit/s 网卡、100 Mbit/s 网卡、10/100 Mbit/s 自适应网卡和 1000 Mbit/s 网卡 4 种。由于 100 Mbit/s 网卡并不常用，下面只介绍另外的 3 种。

（1）10 Mbit/s 网卡。它以低廉的价格且安装简单曾经风靡一时。但随着 10/100 Mbit/s 自适应网卡价格的降低，它已经完成了使命并逐步退出了历史的舞台。

（2）10/100 Mbit/s 网卡。它最大的特点就是可以检测其连接的网络设备的传输速率，并自动调整传输速率与之相适应。这类网卡既可以与 10 Mbit/s 的网络相连，也可以与 100 Mbit/s 的网络相连，并且不需要任何设置。

（3）1000 Mbit/s 网卡。1000 Mbit/s 网卡是 100 Mbit/s 网卡的升级，能在现有以太网和千兆以太网之间实现平滑的升级，但由于其价格较高，目前还不是市场上主流的产品。

四、网卡的选择

在挑选网卡的时候通常都要考察网卡的技术指标。虽然网卡的技术指标很多（通常在网卡包装盒上印有密密麻麻一大堆），但其实只要抓住其中几个重要的指标比较一下就可以了。

（1）系统资源占用率。网卡对系统资源的占用一般感觉不出来，但在网络数据量大的情况下就很明显了，比如在线点播、语音传输、IP 电话。前面已经介绍过，PCI 网卡要比 ISA 对系统占用率小得多。

（2）全/半双工模式。网卡的全双工技术是指网卡在发送（接收）数据的同时可以进行数据接收（发送）的能力。从理论上来说，全双工能把网卡的传输速率提高一倍，因此性能肯定比半双工模式的要好得多。现在的网卡一般都是全双工模式的。

（3）网络（远程）唤醒。网络（远程）唤醒功能是现在很多用户购买网卡时很看重的一个指标。通俗地说，它就是远程开机，即不必移动双腿就可以唤醒（启动）任何一台局域网上的电脑，这对于需要管理一个具有多台电脑的局域网工作人员来说，无疑是十分有用的。

（4）兼容性。和其他电脑产品相似，网卡的兼容性也很重要，不仅要考虑到和自己的机器兼容，还要考虑到和其所连接的网络兼容，否则很难联网成功，出了问题也很难查找原因。因此选用网卡尽量采用知名品牌的产品，不仅容易安装，而且大都能享受到一定的服务。

模块 2　局域网传输介质

本模块主要介绍局域网传输介质，涉及以下两个任务：

（1）双绞线制作及测试；

（2）信息插座与配线架的安装。

任务 1　双绞线制作及测试

【任务描述】

双绞线是局域网中使用最为普遍的传输介质，其性能及质量的好坏直接影响局域网的功能。本次任务我们学习标准 EIA/TIA568A 和 568B 双绞线的线序，掌握直通线和交叉线的制作过程和使用网线测试仪测试方法。

【知识预读】

一、双绞线的概念

双绞线是有线局域网中常用的一种传输介质，它一般用于组建星型结构的局域网。由两根有绝缘保护层的铜导线缠绕而成的是双绞线（每根导线加绝缘层并标有颜色来标记），由多对双绞线构成的电缆被称为双绞线电缆。

注意：两根导线上发出的电磁波会相互抵消，两根有绝缘保护层的铜导线缠绕在一起，不但减少了电磁辐射，还提高了信号的抗干扰能力。

二、双绞线的分类

双绞线的分类方法有数种，按照传输速度分类有 3 类、5 类、超 5 类、6 类等，其中，3 类网线适用于 10 Mbit/s 网络，5 类和超 5 类适用于 100 Mbit/s 网络，而 6 类网线适用于 1000 Mbit/s 网络；按照是否屏蔽可以分为 STP（shielded twisted pairwire,屏蔽双绞线）和 UTP（unshielded twisted pairwire,非屏蔽双绞线）两种。其中 UTP 是常用的网线，STP 是用于数据敏感或者网络附近有强电磁辐射干扰的情况下，一般适用于金融、电信、军事、政府等敏感部门的局域网络。

三、水晶头

日常生活中使用电线的时候需要给其安装一个插头。同理，在使用双绞线的时候也需要给其安装一个插头，以方便与电脑进行连接，这种插头称为水晶头（也称为 RJ-45 接头），如图 2-10 所示。

水晶头有一个突起的塑料弹片，主要用于将水晶头固定在 RJ-45 插槽上，而 8 个压线铜片的排列也有一定的规则，不同的压线铜片传递不同的信息，因此在制作双绞线时，需要将双绞线电缆的 4 对 8 芯网线按一定的规则插入到水晶头，而不是随便地进行排列。

四、双绞线的连接方式

制作双绞线有两种国际标准，它们分别为 T568A 与 T568B。

将双绞线水晶头压线铜片的一面向上，有弹片的一端向下，对压线铜片进行编号。如图 2-11 所示。

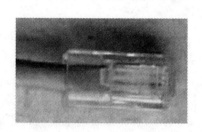

图 2-10　插入了双绞线的水晶头

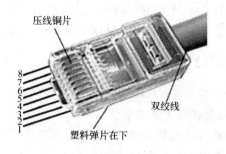

图 2-11　压线铜片编号

在按照 T568A 标准时，双绞线和压线铜片对应的关系如图 2-12 所示（以 5 类非屏蔽双绞线为例）。

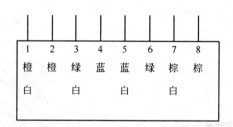

图 2-12　按 T568A 标准双绞线与压线铜片对应关系

在按照 T568B 标准时，双绞线和压线铜片对应的关系如图 2-13 所示（以 5 类非屏蔽双绞线为例）。

图 2-13　按 T568B 标准双绞线与压线铜片对应关系

在局域网中存在着两种线：直通线（也称平行线）和交叉线。所谓直通线，实际上就是线的两头采用同样的做法——要么两头都采用 T568A 标准来做，要么两头都采用 T568B 标准来做。而交叉线就是如果一头采用了 T568A 标准，而另外一头就必须采用 T568B 标准，也就是线的两头采用不一样的标准。

在局域网中存在的个体有 PC（通过网卡相连）、交换机（或集线器）和路由器等，它们之间使用的连接线是不同的。下面分别对其进行介绍：

（1）PC 与 PC 之间，路由器与路由器之间，使用交叉线连接。

（2）PC 与路由器连接使用交叉线连接。

（3）PC 与交换机以及路由器与交换机之间使用直通线连接。

（4）交换机与交换机之间的连接分为 3 种情况：交换机的普通口与另一台交换机的 UPLINK 口相连使用直通线，交换机的普通口与另一个交换机的普通口相连使用交叉线，交换机的 UPLINK 口之间相连同样使用交叉线。

【实践向导】

一、实例 1 双绞线的制作

1. 制作前工具准备

制作双绞线时（以 5 类非屏蔽双绞线为例），除了水晶头和双绞线电缆外，还需要 RJ-45 专用的压线钳和网线测试仪。

压线钳的外观如图 2-14 所示。压线钳的剥线刀口用于划开双绞线最外面的塑料层，压线钳的剪线口用于剪断或剪齐双绞线，压线槽里面放置水晶头，其主要作用是把水晶头上的 8 个压线铜片压稳在双绞线上。

网线测试仪的外观如图 2-15 所示。

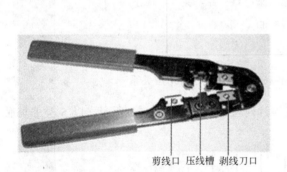

剪线口 压线槽 剥线刀口

图 2-14 压线钳

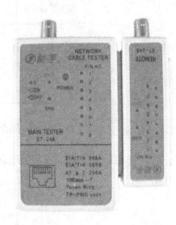

图 2-15 网线测试仪

注意：在这些制作工具中，压线钳是必需的。如果没有网络测试仪，可以使用万用表或通过观察网卡的指示灯的状态来判断。但是通过网络测试仪不仅可以测试双绞线是否连通，而且还可以测出信号衰减的情况。

2. 制作网线的步骤（以制作直通线为例）

步骤 1：剥线。

用压线钳上的剥线刀口剥去双绞线一端的塑料外壳，需要注意的是，不要过分用力，以免划破或切断内部的双绞线，造成断路，如图 2-16 所示。

步骤 2：理线。

去除外面的塑料壳后，就可以看到双绞线的 4 对 8 芯线了。它们双双扭在一起，这 4

对线是：白橙/橙、白蓝/蓝、白绿/绿、白棕/棕。将 4 对双绞线分开拉直，并从左至右按橙白、橙、绿白、蓝、蓝白、绿、棕白、棕的顺序排齐（当 8 条线按正确的顺序又直又紧地靠在一起的时候，就达到理想的效果了），如图 2-17 所示。

图 2-16　剥线

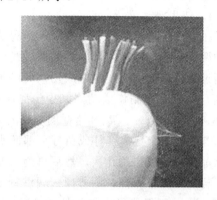

图 2-17　理线

步骤 3：剪掉线头。

用压线钳的剪线口剪去过长的线，留下的线的长度约为 15 mm，这样刚好能全部地插入到 RJ-45 水晶头中，如图 2-18 所示。

步骤 4：插线。

左手握住水晶头（塑料弹片的一端向下，开口向右），然后将线剪齐，并排排列 8 条芯线对准水晶头开口插入，如图 2-19 所示。

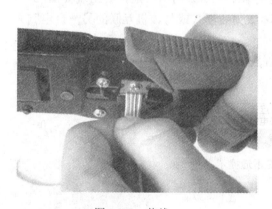

图 2-18　剪线

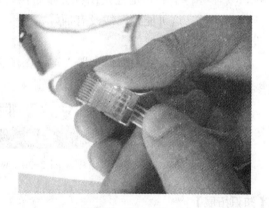

图 2-19　插线

步骤 5：压线。

确认所有芯线都插入底部后，将插入网线的水晶头放入网线钳的压线槽中。当水晶头放好后，使劲地压下网线钳的手柄，使水晶头的压线铜片都能插入到网线芯线中的传输介质，使它们相互接触，这样双绞线的一端就制作好了，用同样的方法制作双绞线的另一端。如果制作交叉线，只需将排线的顺序变化一下即可，其他的操作不变。

注意：一定要使各条芯线都插入到水晶头的底部，不能弯曲。由于水晶头是透明的，可以清楚地看到每条芯线所插入的位置。水晶头是一次性产品，因此，在压线前一定要保证 8 条线都插入到水晶头的底部并与压线铜片接触良好，否则只能报废。

二、实例 2　双绞线的测试

为了比较好地检测双绞线的连通性，需要使用双绞线测试仪在双绞线两端进行测试。测试的方法如下。

1. 使用测试仪

在将双绞线两端的水晶头插入到测试仪的两个接口之后，打开测试仪可以看到测试仪上的两组指示灯都在闪动。若测试的线缆为直通线的话，测试仪上的 8 个指示灯依次为绿色闪过，就证明了网线制作成功，可以顺利地完成数据的发送与接收。若测试的为交叉线的话，如果网线制作成功，其中一侧同样是依次由 1～8 绿灯闪过，而另外一侧会根据 3、6、1、4、5、2、7、8 这样的顺序闪动绿灯。

若任何一个灯为红灯或黄灯，都证明存在断路或者接触不良的现象，此时最好先将两端水晶头用压线钳压几次，然后再测。如果故障依旧，再检查一下两端芯线的排列顺序是否一样，如果不一样，则剪掉一端重新按另一端芯线排列顺序再做一个水晶头。如果芯线顺序一样，但仍然显示红色灯或黄色灯，则表明其中肯定存在着对应芯线接触不良的问题。此时就只好重做水晶头了。

2. 无测试仪

如果没有测试仪，可以先连接好电脑和集线器（或另一台电脑）。当电脑和集线器通电后，观察网卡的绿色指示灯是否变亮。如果指示灯没有亮，说明网线不通，需要重新制作。

另外，如果用户使用的系统是 Windows 2000 或 Windows XP 的话，会自动进行测试，其任务栏上的本地连接图标会报告网络连接速度。如果网络不通，会出现如图 2-20 所示的提示，这可能是网线没有插好、网卡故障或集线器（或与该机互联的另一台电脑）没有开机等问题造成的。

如果网络已连接，则会出现"本地连接现在已连接"的提示，表示网线没有问题。

图 2-20　网络不通提示

【知识拓展】

一、真假双绞线的区别

用户可以通过以下方法来识别真假双绞线。

1. 确定双绞线的类型

不同类型的双绞线在网线上印有不同的标志，如 3 类用"3 Cable"表示，5 类用"5 Cable"表示，超 5 类用"5e (或 5E) Cable"表示。

2. 测试其实际速度

现在组建的网络一般都采用 5 类以上的双绞线，3 类双绞线已属于淘汰产品。但是，一些双绞线生产厂商在 5 类双绞线标准推出后，便将原来用于 3 类线的导线封装在印有 5 类双绞线字样的电缆中出售。当用户使用了这类假 5 类双绞线后，网络的实际通信速度只能在很短的距离内达到 5 类双绞线所规定的 100 Mbit/s。这种造假非常隐蔽，一般用户很难发现。这时，建议大家先购买一段,利用 Windows 98 中的"系统监视器"或 Windows 2000 Server 中的"网络监视器"亲自测试一下。如果测试速度达到了 100 Mbit/s，则表明是 5 类双绞线；如果只有 10 Mbit/s，说明电缆中使用的是 3 类线的导线。这种方法不仅能够正确地区别 3 类线和 5 类线，而且可以用于测试双绞线电缆中每一对导线的扭绕度是否符合标准，同时还可以测出导线中的金属介质是否合格。

3. 仔细观察

并不是所有的网络布线都集中在装有空调的办公室中，所以网线必须具有一定的耐热、抗拉和易弯曲等性能。

（1）可以将双绞线放在高温环境中测试一下，真的双绞线在周围温度达到 35～40℃时外面的一层胶皮不会变软，而假的却会变软。

（2）为了保证连接的安全，真的双绞线电缆外包的胶皮具有较强的抗拉性，而假的却不具有这种特性。

（3）双绞性电缆中一般使用金属铜，而一些厂商在生产时为了降低成本，在铜中添加了其他金属元素，其表现是掺假后的导线比正常的明显要硬，不易弯曲，使用中容易产生断线。

（4）真的双绞线外面的胶皮具有抗燃性，而假的则是使用普通的易燃材料制成的，购买时可亲自试试。

（5）标准双绞线的线对按照逆时针方向进行扭绕，有些劣质双绞线的扭绕方向是错误的。

二、水晶头选购

在所有的网络产品中，水晶头应该是最小的设备，但却起着十分重要的作用，所以在选择时可千万不要因为它小而看不起它。下面介绍在选购水晶头时应注意的事项。

一看价格。与网线一样，真、假水晶头在价格方面也有较大差别。别看小小的水晶头，这两者的价格差别可不小，有的可达到 1 倍以上。正品通常要 2 元/个，而假货却只要 1 元/个。

二看外观。从外观上看，水晶头的外形应与网卡或集线器上对应接口的连接相吻合；水晶头前端的金属压线弹片不但应有较强的硬度，而且还应具有很好的韧性。当硬度较差时，金属弹片无法插入双绞线的导线中，水晶头将不起作用；当韧性达不到要求时，容易发生金属弹片断裂的现象。另外，水晶头反面的塑料弹片应具有很好的弹性，以保证水晶头与设备很好地接触。可以试一下，如果插入时听到清脆的响声，说明弹性较好。最后，双绞线连接头在制作时要使用专用的夹线钳来制作，所以要求水晶头的材料应具有较好的可塑性，在压制时不会出现碎裂现象。

以上这些特点，假的水晶头大多都不具备。

三看颜色。真水晶头的接触铜片颜色光亮，而且比较粗厚，整个分量也比较足。假货则相反了，颜色黯淡、金属接触片也比较细薄。如果存货时间比较长，还可能见到锈迹。

四看材料。可以通过"刮"的方法来判别，用一小刀片轻轻刮水晶头的金属触片，如果发现表面所镀的铜很容易掉，里面露出黑色部分，则肯定是假的。正品表面镀铜层通常不易掉，即使有少许脱落，里面所露出的金属触点处是洁白光亮的。

【小试牛刀】

　　四人一组，两人合作制作一根直通线，另外两人合作制作交叉线。使用电缆测试仪检测制作的网线的连通情况。

任务 2　信息插座与配线架的安装

【任务描述】

　　综合布线系统中所用的连接硬件（如接线模块、配线架等）和信息插座都是重要的部件，具有量大、面广、体积小、密集、技术要求高的特点，其安装质量的优劣直接影响连接质量的好坏，也必然决定传输信息质量。在本次任务中，我们学习信息插座与配线架的安装。

【知识预读】

　　一、信息插座的作用

　　信息插座一般是安装在墙面上的，也有桌面型和地面型的，主要是为了方便计算机等设备的移动，为计算机提供一个网络接口并且保持整个布线的美观。以上 3 种信息插座分别如图 2-21（a）、（b）、（c）所示。

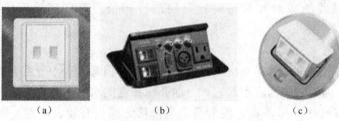

（a）　　　　　　　　　（b）　　　　　　　　　（c）

图 2-21　3 种类型的信息插座

（a）墙面型；（b）桌面型；（c）地面型

　　二、信息插座的配置

　　根据实际情况，确定所需信息插座的个数和分布情况，信息插座的个数和位置将决定整个网络的设计和规划。

　　三、配置信息插座注意事项

　　（1）根据楼层平面图来计算每层楼的布线面积。

　　（2）估算信息插座的数量，一般应设计两种平面图供用户选择。

　　1）基本型综合布线系统，一般每个房间或每 $10m^2$ 一个信息插座。

　　2）增强型、综合型综合布线系统，一般每个房间或每 $10m^2$ 两个信息插座。

　　（3）确定信息插座的类型。

　　四、信息插座的制作步骤

　　步骤 1：把双绞线从布线底盒中拉出，剪至合适的长度。使用电缆准备工具剥除外层绝缘皮，然后，用剪刀剪掉抗拉线。

　　步骤 2：将信息模块的 RJ-45 接口向下，置于桌面、墙面等较硬的平面上。

步骤 3：分开网线中的 4 对线对，但线对之间不要拆开，按照信息模块上所指示的线序，稍稍用力将导线一一置入相应的线槽内。通常情况下，模块上同时标记有 568A 和 568B 两种线序，用户应当根据布线设计时的规定，与其他连接设备采用相同的线序，如图 2-22 所示。

步骤 4：将打线工具的刀口对准信息模块上的线槽和导线，垂直向下用力，听到"喀"的一声，模块外多余的线会被剪断。重复这一操作，可将 8 条芯线一一打入相应颜色的线槽中，如图 2-23 所示。

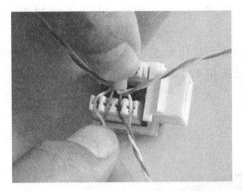

图 2-22　导线置入相应的线槽　　　　图 2-23　剪断模块外多余的线

步骤 5：将模块的塑料防尘片沿缺口插入模块，并牢牢固定于信息模块上。现在模块端接完成。

步骤 6：将信息模块插入信息面板中相应的插槽内，再用螺丝钉将面板牢牢地固定在信息插座的底盒上即可完成信息插座的端接，如图 2-24 所示。

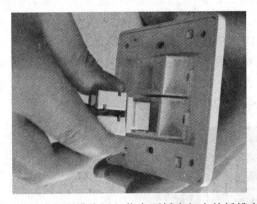

图 2-24　信息模块插入信息面板中相应的插槽内

五、配线架的作用

配线架是电缆或光缆进行端接和连接的装置，在配线架上可进行互联或交接操作。

配线架是管理子系统中最重要的组件，是实现垂直布线和水平布线两个子系统交叉连接的枢纽。配线架通常安装在机柜或墙上。通过安装附件，配线架可以全线满足 UTP、STP、同轴电缆、光纤、音视频的需要。在网络工程中常用的配线架有双绞线配线架和光纤配线架。

配线架作为综合布线系统的核心产品，起着传输信号的灵活转接、灵活分配以及综合统一管理的作用，是一种规范，也是为了整洁，看上去不乱，能够清楚知道是什么，使线路的改动更简单。

配线架上可以同时管理语音、数据和光纤，配置灵活，管理方便，可以实现前端管理；自带托线架，方便线缆管理；可实现齐平和嵌入式两种安装。

六、配线架的分类

随着网络速度从 10 Mbit/s 发展到 1000 Mbit/s 光纤，布线从功能单一的计算机局域网布线走向电视、监控、视频等与局域网混合布线。最常用的配线架是传统配线架，一般用于网络节点几百个点以下、主干网直接接入 ISP 的情况，大型网络一般会用到 MDF 总配线架、DDF 数字配线架和 ODF 光纤配线架等。

（1）传统配线架。传统配线架遵从安普快接式模块化配线架标准。安普 6 类配线架满足系统连接和信道的性能要求。配线架采用 9 mm 和 12 mm 两种标签，有 12 口、24 口、48 口和 96 口配线架为标准 19 英寸（1 英寸=2.54 cm）部件，高分别为 1.75 英寸、3.5 英寸和 7 英寸，如图 2-25 所示。

图 2-25　安普配线架

（2）总配线架（MDF）。所谓总配线架，是水平、垂直、设备等子系统连接设备，如图 2-26 所示。

（3）数字配线架（DDF）。数字配线架又称高频配线架，在数字通信中越来越有优越性，它能使数字通信设备的数字码流的连接成为一个整体，从速率 2～155 Mbit/s 信号的输入、输出都可终接在 DDF 架上，这为配线、调线、转接、扩容都带来很大的灵活性和方便性，如图 2-27 所示。

图 2-26　总配线架（MDF）

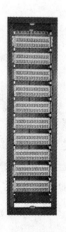

图 2-27　数字配线架（DDF）

（4）光纤配线架（ODF）。光纤配线架（ODF）用于光纤通信系统中局端主干光缆的成端和分配，可方便地实现光纤线路的连接、分配和调度，如图 2-28 所示。

随着网络集成程度越来越高，出现了集 ODF、DDF、电源分配单元于一体的光数混合配线架，适用于光纤到小区、光纤到大楼、远端模块局及无线基站的中小型配线系统，如图 2-29 所示。

图 2-28　光纤配线架（ODF）　　　　图 2-29　光数混合配线架

【实践向导】

一、实例 1　信息插座入墙式的安装

信息插座应牢靠地安装在平坦的地方，外面有盖板。安装在活动地板或地面上的信息插座，应固定在接线盒内。插座面板有直立和水平等形式；接线盒有开启口，应可防尘。安装在墙体上的插座，应高出地面 30cm，若地面采用活动地板时，应加上活动地板内净高尺寸。固定螺钉需拧紧，不应有松动现象。

信息插座应有标签，以颜色、图形、文字表示所接终端设备的类型。下面重点介绍信息插座入墙式的安装过程。

步骤 1： 在墙上开个洞，并把网线穿好，如图 2-30 所示。

图 2-30　步骤 1

步骤 2：接好每个插座，工程的质量很重要，如图 2-31 所示。

步骤 3：使用打线器将缆线连接妥当，如图 2-32 所示。

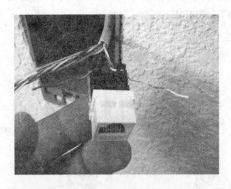

图 2-31　步骤 2　　　　　　　　　　　　图 2-32　步骤 3

步骤 4：选择合适的工具很重要，不合适的工具会造成质量问题，甚至损坏插头，如图 2-33 所示。

步骤 5：最后，在安装之前要再三检查每根线是否都连接妥当，免得返工，如图 2-34 所示。

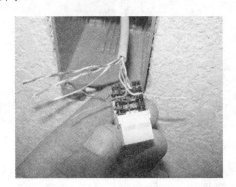

图 2-33　步骤 4　　　　　　　　　　　　图 2-34　步骤 5

步骤 6：把多余线头去掉之后就可以安装墙座的面板了，如图 2-35 所示。

步骤 7：上好螺丝，插座就安装好了，如图 2-36 所示。

图 2-35　步骤 6　　　　　　　　　　　　图 2-36　步骤 7

二、实例 2　配线架的安装（以接插式配线架为例）

1. 机架安装要求

（1）机架安装完毕后，水平、垂直度应符合生产厂家规定。若无厂家规定时，垂直度偏差不应大于 3 mm。

（2）机架上的各种零件不得脱落或碰坏。各种标志应完整清晰。

（3）机架的安装应牢固，应按施工的防震要求进行加固。

（4）安装机架面板，架前应留有 0.6 m 空间，机架背面离墙面距离视其型号而定，便于安装和维护。

2. 配线架安装要求

（1）采用下走线方式时，架底位置应与电缆上线孔相对应。

（2）各直列垂直倾斜误差应不大于 3 mm，底座水平误差每平方米应不大于 2 mm。

（3）接线端子各种标记应齐全。

（4）交接箱或暗线箱宜设在墙体内。安装机架、配线设备接地体应符合设计要求，并保持良好的电器连接。

3. 超五类模块化配线板的端接

首先把配线板按顺序依次固定在标准机柜的垂直滑轨上，用螺钉上紧，每个配线板需配有 1 个 19U 的配线管理架。

（1）在端接线对之前，首先要整理线缆。用带子将线缆缠绕在配线板的导入边缘上，最好是将线缆缠绕固定在垂直通道的挂架上，这可保证在线缆移动期间避免线对的变形。

（2）从右到左穿过线缆，并按背面数字的顺序端接线缆。

（3）对每根线缆，切去所需长度的外皮，以便进行线对的端接。

（4）对于每一组连接块，设置线缆通过末端的保持器（或用扎带扎紧），这使得线对在线缆移动时不变形。

（5）当弯曲线对时，要保持合适的张力，以防毁坏单个线对。

（6）对捻必须正确地安装到连接块的分开点上。这对于保证线缆的传输性能是很重要的。

（7）开始把线对按顺序依次放到配线板背面的索引条中，从右到左的色码依次为紫、紫/白、橙、橙/白、绿、绿/白、蓝、蓝/白。

（8）用手指将线对轻压到索引条的夹中，使用打线工具将线对压入配线模块并将伸出的导线头切断，然后用锥形钩清除切下的碎线头。

（9）将标签插到配线模块中，以标示此区域。

4. 接插式配线架的端接

（1）将第一个 110 配线架上要端接的 24 根线牵拉到位，每个配线槽中放 6 根双绞线。左边的线缆端接在配线架的左半部分，右边的线缆端接在配线架的右半部分。

（2）在配线板的内边缘处将松弛的线缆捆起来，保证单根线缆不会滑出配线板槽，避免线缆束的松弛和不整齐。

（3）在配线板边缘处的每根线缆上标记一个新线的位置。这有利于下一步在配线板的边缘处准确地剥去线缆的外衣。

（4）拆开线缆束并紧握住，在每根线缆的标记处划痕，然后将刻好痕的线缆束放回去，为盖上 110 配线板做准备。

（5）当 4 个缆束全都刻好痕并放回原处后，用螺钉安装 110 配线架，并开始进行端接（从第一根线缆开始）。

（6）在刻痕处外最少 15 cm 处切割线缆，并将刻痕的外套滑掉。

（7）沿着 110 配线架的边缘将"4"对导线拉进前面的线槽中。

（8）拉紧并折弯每一线对使其进入到索引条的位置中去，用索引条上的高齿将一对导线分开，在索引条最终弯曲处提供适当的压力使线对的变形最小。

（9）当上面两个索引条的线对安放好，并使其就位及切割后，再进行下面两个索引条的线对安装。在所有 4 个索引条都就位后，再安装 110 连接模块。

【知识拓展】

一、信息插座选购

信息插座是组建网络常用的小附件，其主要作用是在不破坏房屋美观的情况下，连接暗藏在墙壁内的网线，多数是安装在墙面上的，此外，还有桌面型和地面型产品。这类产品在网络组建时需要量比较大，在市场上的假货比较泛滥，其价格多在几元钱，而正品的价格通常比较贵，需要 20 多元。正品与假货价格之所以相差这么大，主要是因为模块中采用了大量金属弹片，正品为了确保这些金属片具有好的弹性和接触性能，所采用的材料好，而且所镀金属也比较贵重。假货在这些方面就差远了，因此，假货在经过多次插拔后就会出现部分弹片接触不良的现象。

我们在选购时可以从外观上进行鉴别：正品外观光滑规整，金属部分的光洁度很好，金属片也比较宽厚；假货比较暗淡，金属片比较窄、薄。此外，我们可以用镊子等工具来拨动金属弹片以验证其在弹性方面的性能，正品弹性较好，不易变形，而假货缺乏弹性，而且在弯曲度较大时可能会变形。主要品牌有奇胜、TCL、安普、GE 等等，如果自己不能鉴别产品的真假，那么在购买的时候可以去专卖店购买，这样一般不会买到假货。

二、信息插座的类型

信息插座组成：信息模块、面板和底座。信息插座所使用面板的不同决定着信息插座所适用的环境，而信息模块所遵循的通信标准决定着信息插座的适用范围。

1. 根据信息插座所使用的面板分类（3 类）

（1）墙上型；

（2）桌上型；

（3）地上型。

2. 根据信息插座所用的信息模块分类

（1）RJ-45 信息模块；

（2）光纤插座模块；

（3）转换插座模块。

三、理线架

理线架可安装于机架的前端提供配线或设备用跳线的水平方向线缆管理；理线架简化了交叉连接系统的规划与安装，简单说，就是用于理清网线的，以免搞得太乱，跟网络没什么直接的关系，只为以后好管理。

【小试牛刀】

（1）安装入墙式的信息插座。

（2）在网上查询相关资料，熟悉校园网络综合布线设计方案。

模块 3　家庭小型局域网的组建

本模块主要介绍组建局域网的基本方法和局域网接入互联网的方法，涉及以下两个任务：

（1）组建适用于家庭的小型局域网；

（2）将家用小型局域网接入互联网。

任务 1　组建家庭用小型局域网

【任务描述】

如果按照规模划分，局域网可分为小型（信息点小于 100）、中型（信息点介于 100 到 500 之间）和大型（信息点 500 以上）3 类。一般家庭用的局域网信息点更少一些，大概在 10 个以下，但学习组建家庭用小型局域网的方法却有着十分重要的意义，一来可以"练手"，二来应用起来非常方便。

【知识预读】

一、家用小型局域网的组建方法

目前，构建小型局域网的方法有很多，无论哪种方法都要从网络硬件连接和软件配置两个方面来考虑。家用小型局域网的构建方法主要有有线网络和无线网络两种。

1. 构建有线网络

家用小型局域网可选择廉价、低速的有线网络，以交换机为通信设备，以双绞线为传输介质，采用星型拓扑结构。

（1）选择硬件。

1）网卡。可选择带有 RJ-45 接口和 PCI 插槽的独立网卡，也可以使用主板的集成网卡，如图 2-37 所示。

图 2-37　网卡

2）交换机。交换机是局域网重要的中间设备，关于交换机的原理后续章节会具体介绍。在家庭局域网中，交换机可以选择 4 口、8 口或 16 口的共享式小型交换机，如图 2-38 所示。

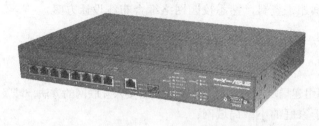

图 2-38　交换机

3）双绞线。双绞线即网线，是局域网主要采用的传输介质，如图 2-39 所示，前面已经介绍过双绞线的制作方法，家庭局域网中主要采用 5 类非屏蔽双绞线。

（2）配置软件：协议。协议是为计算机网络中进行数据交换而建立的规则、标准或约定的集合，可以理解为网络两端交换数据时相互都能理解的一种语言。人类相互之间沟通必须能相互理解对方的语言，与人类沟通相似，不同的计算机之间必须使用相同的网络协议才能进行通信。协议的种类很多，目前局域网中主要使用 TCP/IP 协议，可以在操作系统中通过"网上邻居"的属性→"本地连接"的属性查看是否安装协议并进行相关的设置，如图 2-40 所示。

图 2-39　双绞线

图 2-40　"本地连接"的属性

正确连接了硬件又配置了相关的协议软件，家用有线网络的构建就基本完成了，后面还会介绍局域网的测试方法

2．构建无线网络

一般家用网络经常用笔记本电脑作为终端，而笔记本电脑具有移动轻便的特点，需要在家庭的任意角落接入网络，因此家庭里经常需要构建无线网络。构建无线网络同样需要

从网络硬件和配置软件入手。

（1）选择硬件。

1）无线网卡。无线网卡是终端无线网络的设备，是在无线局域网的无线覆盖下通过无线连接网络进行上网使用的无线终端设备。具体来说，无线网卡就是使你的电脑可以利用无线来上网的一个装置，但是有了无线网卡也还需要一个可以连接的无线网络，如果在家里或者所在地有无线路由器或者无线AP的覆盖，就可以通过无线网卡以无线的方式连接无线网络上网。

笔记本电脑一般自带无线网卡，需要安装驱动程序同时开启开关；台式机可以选用无线网络接口卡从而具备无线网卡，如图 2-41 所示。

图 2-41　无线网络接口卡

2）无线路由器。无线路由器与交换机相似，也是局域网的一种中间结点设备，带有多个 RJ-45 接口，不同的是还带有发射和覆盖无线信号的功能，它可以使有线网卡、无线网卡功能连接成一个局域网，如图 2-42 所示。

（2）配置软件：协议。无线网络和有线网络一样，依然需要安装协议，具体位置在"网上邻居"的属性→"无线网络"的属性中，如图 2-43 所示。

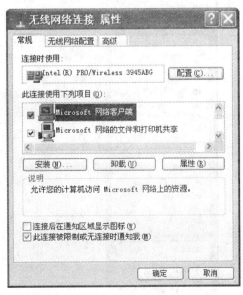

图 2-42　无线路由器　　　　　　　　图 2-43　"无线网络"的属性

二、家用小型局域网的测试方法

1. 网卡指示灯的闪烁

在网卡旁边通常会有指示灯，如图 2-44 所示，如果网络硬件连接正确的话，有线网卡的指示灯在开机的时候绿灯会闪烁。

2. 交换机或无线路由器指示灯的明暗

硬件连接正确的话，交换机或路由器对应连接网线的端口指示灯会点亮，如图 2-45 所示。

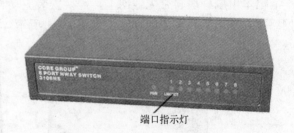

图 2-44 网卡指示灯　　　　　　　　　　　图 2-45 端口指示灯

3. 连接图标的明暗

右键点击桌面上的"网上邻居"，在快捷菜单中选择属性，会弹出如图 2-46 所示窗口。注意，窗口中的图标可以说明以下问题：有几个"本地连接"图标就说明安装了几个有线网卡；有几个无线网络连接图标就说明安装了几个无线网卡；如果图标是亮的，表明该网卡对应的网络是正常工作的。

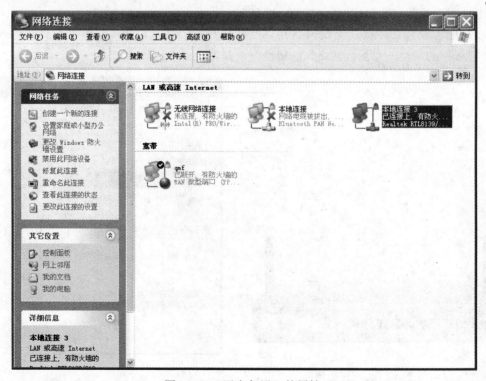

图 2-46 "网上邻居"的属性

4. 检测网卡

在"设备管理器"或者"网上邻居"的属性窗口中均可以查看网卡，如图 2-47 和图 2-48 所示。

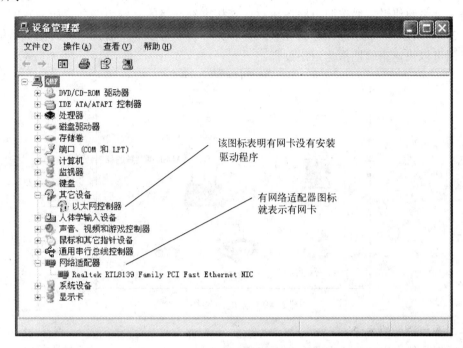

图 2-47　从"设备管理器"的属性中查看网卡

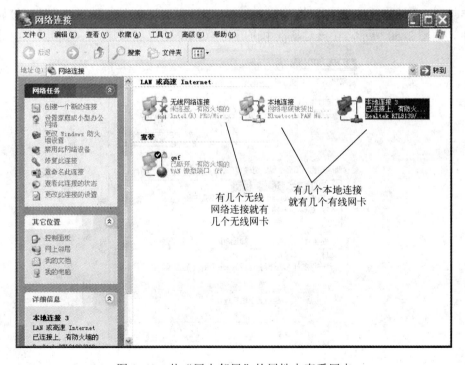

图 2-48　从"网上邻居"的属性中查看网卡

【实践向导】

一、按照拓扑图搭接硬件

搭接电路的使用需要按照电路图进行，连接家庭网络的时候也需要遵照一定的示意图（如图 2-49 所示），该示意图称为拓扑图。在拓扑图上可以清晰看到网络的基本结构；按照拓扑图可以快速正确地搭建网络硬件。

图 2-49　家庭组网拓扑图

二、添加协议的方法

在操作系统中添加协议主要有如下步骤：

步骤 1： 在桌面上右击"网上邻居"→"属性"菜单命令，进入网络和拨号连接窗口。

步骤 2： 在该窗口中右击"本地连接"→"属性"菜单命令，打开"本地连接属性"对话框，如图 2-50 所示，在该对话框中可看到 TCP/IP 协议已添加。

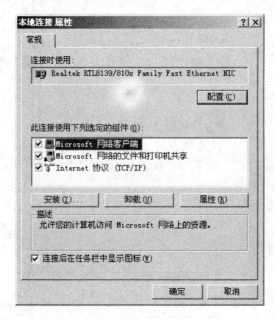

图 2-50　"本地连接属性"对话框

步骤 3：在"本地连接属性"对话框中单击"安装"按钮，显示如图 2-51 所示的"选择网络组件类型"对话框。

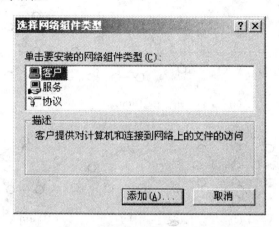

图 2-51　"选择网络组件类型"对话框

步骤 4：在"选择网络组件类型"对话框中单击"协议"，再单击"添加"，显示"选择网络协议"对话框，如图 2-52 所示。

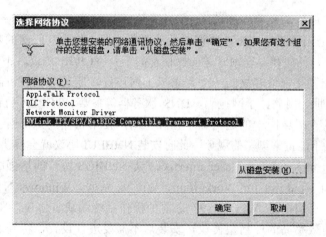

图 2-52　"选择网络协议"对话框

步骤 5：在"选择网络协议"对话框中，单击某种协议，可进行协议的添加。

【知识拓展】

一、拓扑图及其分类

拓扑结构是借用数学上的一个词汇，从英文 topology 音译而来。拓扑学是数学中一个重要的、基础性的分支。它最初是几何学的一个分支，主要研究几何图形在连续变形下保持不变的性质，现在已成为研究连续性现象的重要数学分支。计算机网络的拓扑结构只表示网络传输介质和节点的连接形式，即线路构成的几何形状。

计算机网络的拓扑结构种类有很多，如图 2-53 所示。主要使用的拓扑结构有 3 种，即总线型、环型和星型。应当说明的是，这 3 种形状指线路电气连接原理，即逻辑结构，实际铺设线路时可能与画的形状完全不同。

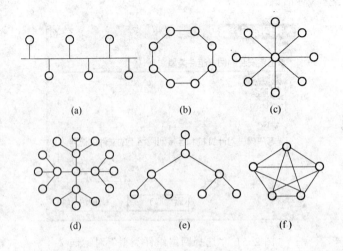

图 2-53　网络的拓扑结构

(a) 总线型；(b) 环型；(c) 星型；(d) 扩展星型；(e) 树型；(f) 网状型

二、局域网常用的三大网络协议

TCP/IP 协议毫无疑问是这三大协议中最重要的一个，作为互联网的基础协议，没有它就根本不可能上网，任何和互联网有关的操作都离不开 TCP/IP 协议。不过 TCP/IP 协议也是这三大协议中配置起来最麻烦的一个，单机上网还好，通过局域网访问互联网的话，就要详细设置 IP 地址、网关、子网掩码、DNS 服务器等参数。TCP/IP 协议尽管是目前最流行的网络协议，其在局域网中的通信效率也并不高，使用它在浏览"网上邻居"中的计算机时，经常会出现不能正常浏览的现象。此时安装 NetBEUI 协议就会解决这个问题。

NetBEUI（net bios enhanced user interface）是 NetBIOS 协议的增强版本，曾被许多操作系统采用，例如 Windows for Workgroup、Win 9x 系列、Windows NT 等。NetBEUI 协议在许多情形下很有用，是 Windows98 之前的操作系统的缺省协议。NetBEUI 协议是一种短小精悍、通信效率高的广播型协议，安装后不需要进行设置，特别适合于在"网络邻居"传送数据。所以建议除了 TCP/IP 协议之外，小型局域网的计算机也可以安装 NetBEUI 协议。另外还有一点要注意，如果一台只装了 TCP/IP 协议的 Windows98 机器要想加入到 WINNT 域，也必须安装 NetBEUI 协议。

IPX/SPX 协议本来就是 Novell 开发的专用于 NetWare 网络中的协议，但是现在也非常常用——大部分可以联机的游戏都支持 IPX/SPX 协议，例如星际争霸、反恐精英等等。虽然这些游戏通过 TCP/IP 协议也能联机，但显然还是通过 IPX/SPX 协议更省事，因为根本不需要任何设置。除此之外，IPX/SPX 协议在局域网络中的用途似乎并不是很大，如果确定不在局域网中联机玩游戏，那么这个协议可有可无。

三、工作组与计算机名

在网络中，一般是通过工作组名和计算机名来进行标示的。右键点击"我的电脑"，在"属性"窗口中点击"计算机名"选项卡可以查看工作组名和计算机名，点击"更改"按钮可以进行计算机名和工作组名的更改，如图 2-54 所示。

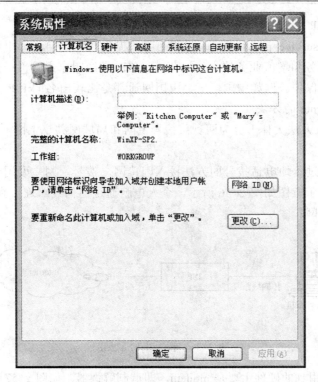

图 2-54　"系统属性"对话框

【小试牛刀】

家有台式电脑 1 台，笔记本电脑 2 台，请根据情况制定出组建实用性小型局域网的基本方案。

任务 2　将家用小型局域网接入互联网

【任务描述】

组建家庭小型局域网的很重要的目的就是共享上网，即让局域网中的各个终端通过一条通信线路都能接入和访问互联网，本任务主要介绍局域网接入互联网的基本方法。

【知识预读】

一、什么是 Internet

Internet，中文音译名为因特网，意译为互联网。它是由那些使用公用语言互相通信的计算机连接而成的全球网络。一旦您连接到它的任何一个节点上，就意味着您的计算机已经连入 Internet 网上了。Internet 目前的用户已经遍及全球，有超过几亿人在使用 Internet，并且它的用户数还在以等比级数上升。互联网可以由云形图直观表现，如图 2-55 所示。

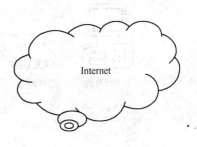

图 2-55　互联网云形图

二、什么是 ISP

ISP（internet service provider）即互联网服务提供商，是向广大用户综合提供互联网接入业务、信息业务和增值业务的电信运营商。ISP 是经国家主管部门批准的正式运营企业，享受国家法律保护。例如中国电信、中国网通都是比较出名的 ISP。

三、接入 Internet 的方法

Internet 的接入方法大体上分为两种：拨号上网和局域网共享上网。

1. 拨号上网

拨号上网指通过本地电话拨号的方法接入因特网。拨号上网主要用于家用计算机接入互联网。拨号上网示意图如图 2-56 所示，个人电脑通过通信线路连接到 ISP，ISP 再通过主干线路接入互联网。

图 2-56　拨号上网示意图

拨号上网需要用到的硬件主要是 modem，即调制解调器，如图 2-57 所示。此外还需要通信线路（电话线）、传输介质（ADSL 拨号为双绞线）。硬件的连接如图 2-58 所示。

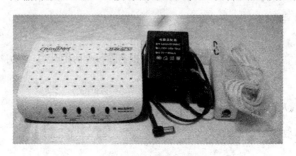

图 2-57　调制解调器

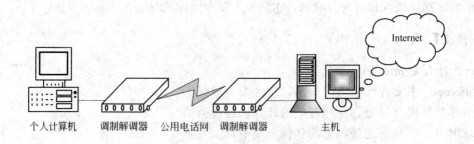

图 2-58　硬件的连接

软件条件主要是需要建立拨号连接。拨号上网的时候需要在操作系统创建连接，具体的方法是在"网上邻居"的属性中点击左边任务按钮"创建一个新的连接"后按照向导完

成，如图 2-59 所示。该连接用于输入 ISP 提供给用户的上网用户名和密码（如图 2-60 所示），同时要求硬件连接完成之后才能进行拨号，如果拨号完成，相关连接图标会点亮。

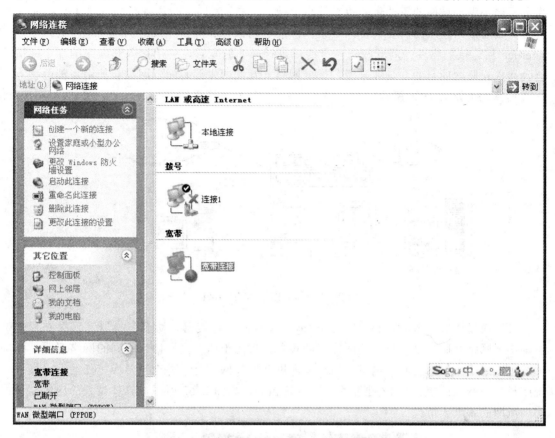

图 2-59　创建连接

图 2-60　宽带连接

2. 局域网共享上网

局域网共享是现在非常主流的一种互联网接入方式，主要适用于网吧、学校等场所，家庭组建小型局域网的重要目的也是共享上网。

局域网接入互联网需要具备以下条件：局域网组建和测试完成；局域网至少有一个与 Internet 相连接的终端；局域网每一个终端进行必要的配置，使用接入互联网的那个终端达到接入互联网的目的。具体来说，局域网接入互联网主要有配置网关和使用代理两种方法。具体连接如图 2-61 所示。

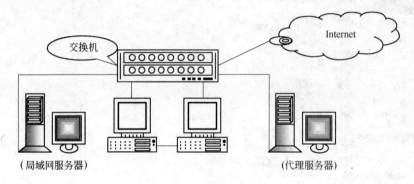

图 2-61　局域网接入 Internet

（1）通过网关等配置。网关（gateway）又称网间连接器、协议转换器。网关在传输层上实现网络互联，是最复杂的网络互联设备，仅用于两个高层协议不同的网络互联。网关既可以用于广域网互联，也可以用于局域网互联。网关是一种充当转换重任的计算机系统或设备。网关的配置与 IP 地址的设置位置相同，如图 2-62 所示，具体设置的内容要咨询局域网的管理人员。

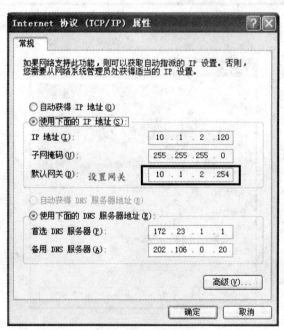

图 2-62　网关配置

（2）使用代理服务器。代理服务器指的是局域网中安装代理软件的计算机，同时该计算机是接到 Internet 的那台计算机。代理软件有很多种，其功能是通过制定的端口代替局域网中的计算机接入互联网。常用的代理软件有 CCProxy，如图 2-63 所示。

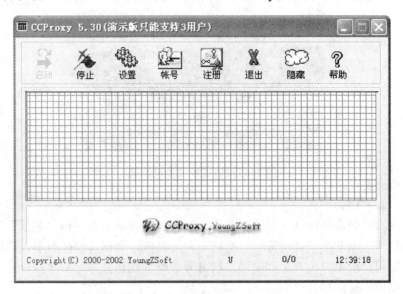

图 2-63　CCProxy 软件

客户端使用代理要在浏览器的选项中进行设置，如图 2-64 所示。

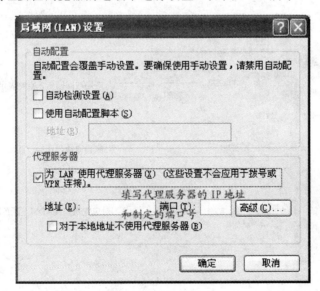

图 2-64　代理设置

【实践向导】

步骤 1：连接调制解调器。

调制解调器按照位置有内置和外置两种，现在主要使用外置的。外置调制解调器需要连接电源、传输介质（双绞线与计算机网卡相连）、通信线路（一般为电话线与外界连接），如图 2-65 所示。

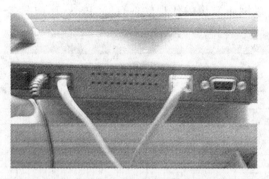

图 2-65　调制解调器的连接

步骤 2：建立拨号连接。

拨号上网的时候需要在操作系统创建连接，具体的方法是在"网上邻居"的属性中点击左边任务按钮"创建一个新的连接"后按照向导完成，如图 2-66 所示。该连接用于输入 ISP 提供给用户的上网用户名和密码，同时要求硬件连接完成之后才能进行拨号，如果拨号完成，相关连接图标会点亮。

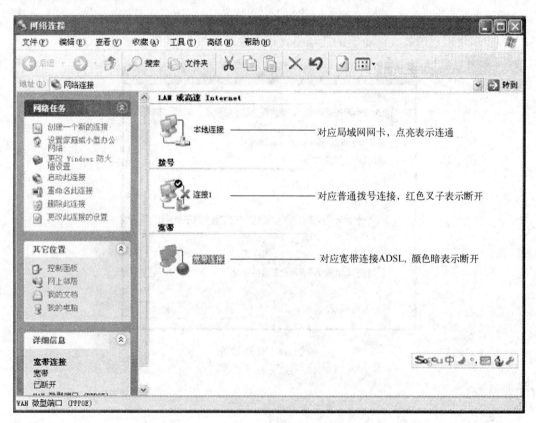

图 2-66　"网络连接"界面

步骤 3: 设置局域网配置。

"网上邻居"的属性中的"本地连接"的属性中有设置 IP 地址、子网掩码等局域网信息的地方,如图 2-67 所示,局域网共享上网的时候经常要在此进行配置,相关参数要咨询网关人员。家庭局域网共享上网时可以在命令行中使用 ipconfig 命令查询,后面章节会讲到。

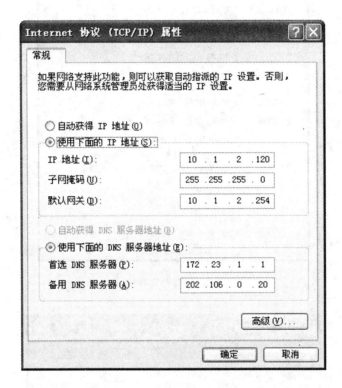

图 2-67　配置相关参数

【知识拓展】

一、计算机中的数

计算机能够使用的数据的最小单位是比特(bit),相当于二进制数的一个位,一般用小写字母 b 表示;8 个比特(bit) 就是一个字节(Btye),1 个字节是计算机中一个英文字母或阿拉伯数字的大小,一般用大写字母 B 表示,此外经常用到的数据单位还有 KB、MB、GB 等,换算关系为 1 KB=1024 B、1 M=1024 KB、1 G=1024 MB。通过查看文件的属性可以查看到文件的大小,如图 2-68 所示。

二、网速

网速即网络的速度,指的是通过网络在单位时间内传输文件的大小,单位是数据单位/秒,如 B/s,即每秒多少字节,在下载文件的时候经常会看到,如图 2-69 所示。注意,如果是 b/s 则为每秒多少位,这也是平时 512 K 的网络下载速度只有 60 多 K 的原因。

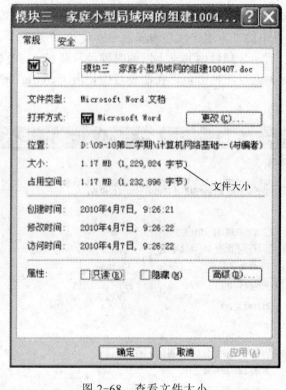

图 2-68　查看文件大小

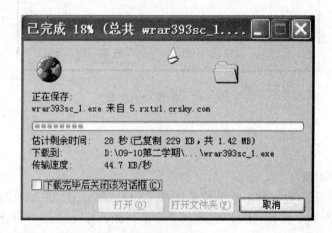

图 2-69　网速

【小试牛刀】

组建一个小型家用局域网并使其接入互联网。

●项目总结

本项目主要介绍了局域网组网技术中网络硬件网卡的相关知识、双绞线的制作及测试、信息插座与配线架的安装以及家庭小型局域网的组建。通过任务实训，读者可以学会制作双绞线，对综合布线有进一步了解，以及能够熟练组建小型的局域网并能接入互联网。

● **挑战自我**

一、填空题

（1）流行的网络有_____、_____和_____之分，它们分别采用各自的网卡，所以网卡也有_____、_____和_____之分。

（2）网线的水晶头在压制过程中要遵循国际标准，T568A 标准的线序为_____、_____、_____、_____、_____、_____、_____、_____。

（3）网卡从总线类别分，有_____、_____、_____和_____等几种类型。

（4）配线架的类型有_____、_____、_____和_____。

（5）信息插座包括_____、_____、_____三大部分。

（6）ISP 的全称是_____。

（7）调制解调器的作用是_____。

（8）假设服务器的 IP 地址为 192.168.1.223，单击"开始"菜单，选择"_____"，输入 cmd 命令，即可进入_____窗口，在窗口中输入"_____"后按回车键，如果提示"Request Timed Out"则表示_____连接到服务器。

（9）局域网常用的三大网络协议有_____、_____、_____。

二、选择题

（1）下面哪种网卡不是现在流行的网卡？（　　　）

　　A．PCI 网卡　　　　　　　　　B．ISA 网卡

　　C．ATM 网卡　　　　　　　　　D．USB 网卡

（2）下列哪种上网方式不适合企业？（　　　）

　　A．Modem 拨号　　　　　　　　B．DDN

　　C．ADSL　　　　　　　　　　　D．LAN 宽带

（3）服务器一般不使用什么操作系统？（　　　）

　　A．Windows 2000　　　　　　　B．Windows 2003

　　C．Windows Me　　　　　　　　D．Linux

（4）在局域网组网中，选择网卡的主要依据是组网的拓扑结构、网段的最大长度和节点之间的距离，还有（　　　）。

　　A．接入网络的计算机类型　　　　B．互联网络的规模

　　C．网络的操作系统类型　　　　　D．使用的传输介质的类型

（5）检测网络连通性的命令是（　　　）。

　　A．ping　　　　　　　　　　　　B．ipconfig

　　C．telnet　　　　　　　　　　　D．FTP

（6）一个建筑物内的几个办公室要实现联网，应该选择下列哪个方案？（　　　）

　　A．Internet　　　　　　　　　　B．LAN

　　C．MAN　　　　　　　　　　　　D．WAN

项目3 交换与虚拟局域网

● 项目引言

以太局域网正变得越来越拥塞和不堪重负。这一方面是由于网络应用和网络用户的迅速增长，另一方面是由于计算机硬件和操作系统的出现。现在，处于同一个以太局域网的两个工作站就很容易使网络饱和。为了提高局域网的效率，交换技术应运而生。

本项目主要通过实例使读者理解交换机的特点、功能，掌握可管理交换机的使用、VLAN 的配置等技能。

● 项目概要

模块 1　认识交换机
　　任务 1　认识交换机外观及性能指标
　　任务 2　交换机的基本功能
模块 2　管理交换机
　　任务 1　Boson NetSim 6.31 使用
　　任务 2　登录交换机
　　任务 3　管理与维护交换机

模块 1　认识交换机

交换机是一种多端口具有数据转发功能的网络设备。请你登录国内著名的 IT 网站，搜索交换机的相关资料及图片，了解交换机的性能、参数，交换机的工作原理及功能。

【知识预读】

一、什么是交换机

以太网、快速以太网、FDDI 和令牌环网常被称为传统局域网，它们都是共享介质、共享带宽的共享式局域网。为了提高带宽，往往采用路由器进行网络分割，将一个网络分为多个网段，每个网段有不同的子网地址、不同的广播域，以减少网络上的冲突，提高网络带宽。微化网段已不能适应局域网扩展和新的网络应用对高带宽的需求，有人说"传统局域网已走到尽头"。

近几年突起的交换式局域网技术，能够解决共享式局域网所带来的网络效率低、不能提供足够的网络带宽和网络不易扩展等一系列问题。交换机是采用交换式数据转发技术的一种设备。它从根本上改变了共享式局域网的结构，解决了带宽瓶颈问题。目前已有交换以太网、交换令牌环、交换 FDDI 和 ATM 等交换局域网，其中交换以太网应用最为广泛。交换局域网已成为当今局域网技术的主流。

二、交换机的工作原理

利用交换机组网，既可以将计算机直接连到交换机的端口上，也可以将他们连入一个网段，然后将这个网段连到交换机的端口。如果将计算机直接连到交换机的端口，那么它将独享该端口的带宽；如果计算机通过以太网连入交换机，该以太网上的所有计算机就可以共享交换机端口提供的带宽。

典型的交换机结构与工作过程如图 3-1 所示。

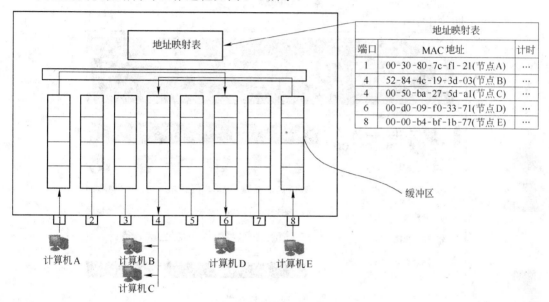

图 3-1　交换机工作原理

当节点 A 需要向节点 D 发送信息时，由于信息中的数据帧均包含有源 MAC 地址和目的 MAC 地址，节点 A 首先将数据帧发往交换机端口 1，交换机收到该数据帧后，检测到该帧的目的 MAC 地址，在交换机的"端口/MAC 地址映射表"中查找节点 D 所连接的端口号。一旦查到节点 D 所连接的端口号 6，交换机将在端口 1 和端口 6 之间建立连接，将信息转发到端口 6。

与此同时，节点 E 需要向节点 B 发送信息。交换机的端口 8 与端口 4 也建立一条连接，并将端口 8 接收到的信息转发至端口 4。

这样，交换机在端口 1 至端口 6 和端口 8 至端口 4 之间建立了两条并发的连接。节点 A 和节点 E 可以同时发送信息，节点 D 和接入交换机端口 6 的以太网可以同时接收信息。根据需要，交换机的各端口之间可以建立多条并发连接。交换机利用这些并发连接，对通过交换机的数据信息进行转发和交换。

任务 1　认识交换机外观及性能指标

【任务描述】

通过观察交换机的外形、性能指标能够区分不同类型的交换机及作用。如果有网络实验室，可以直接观察实物或者直接浏览相关网站。

【实践向导】

步骤 1：打开 Internet Explorer，在地址栏输入 http://www.zol.com.cn/，打开中关村在线网站，如图 3-2 所示。

图 3-2　中关村在线

步骤 2：点击左栏导航条"产品大全"，然后点击网络设备中的"交换机"，进入交换机主窗口，在这里会找到大部分交换机的资源，如图 3-3 所示。

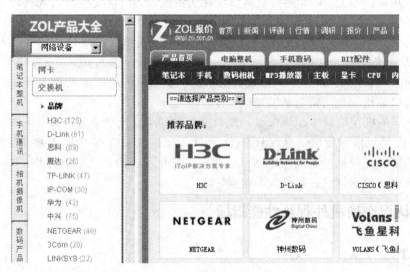

图 3-3　交换机页面

步骤 3：观察交换机的外形。

（1）桌面智能型交换机，如图 3-4 所示。

图 3-4　锐捷网络 RG-S1808S

（2）机架式智能交换机，如图 3-5 所示。

图 3-5　TP-LINK TL-SF1024L

（3）可管理型交换机，如图 3-6 所示。

图 3-6　CISCO WS-C2960-24TT-L

步骤 4：按不同品牌、端口数查找交换机，并作比较，如表 3-1 所示。

表 3-1　不同品牌交换机比较

品牌	TP-LINK	H3C	CISCO
型号	TL-SF1008	S1024R	WS-C3560-24T
交换机类型	SOHO 交换机	快速以太网交换机	企业级交换机
传输速率	10 Mbit/s/100 Mbit/s	10 Mbit/s/100 Mbit/s	10 Mbit/s/100 Mbit/s
端口数量	8	24	24
接口介质	10Base-T:3 类或 3 类以上 UTP；100Base-TX:5 类 UTP	10Base-T:3/4/5 类双绞线，支持最大传输距离 200 m；100Base-TX:5 类双绞线，支持最大传输距离 100 m	10/100 Base-T/ 100FX/SX
交换方式	存储-转发	存储-转发	存储-转发
背板带宽	1.6 Gbit/s	4.8 Gbit/s	32 Gbit/s
VLAN 支持	不支持	不支持	支持
MAC 地址表	1 K	8 K	12 K
模块化插槽数	无	无	2

【知识拓展】

一、背板带宽

交换机的背板带宽，是交换机接口处理器或接口卡和数据总线间所能吞吐的最大数据量。背板带宽标志了交换机总的数据交换能力，单位为 Gbit/s，也称交换带宽，一般的交换机的背板带宽从几 Gbit/s 到上百 Gbit/s 不等。一台交换机的背板带宽越高，其所能处理数据的能力就越强，但同时设计成本也会越高。

一般来讲，计算方法如下：

（1）线速的背板带宽。考察交换机上所有端口能提供的总带宽。

$$总带宽=端口数×相应端口速率×2（全双工模式）$$

如果总带宽不大于标称背板带宽，那么在背板带宽上是线速的。

（2）第 2 层包转发线速。

$$第 2 层包转发率=千兆端口数量×1.488Mp/s+百兆端口数量×$$
$$0.1488Mp/s+其余类型端口数×相应计算方法$$

如果这个速率不大于标称 2 层包转发速率，那么交换机在做第 2 层交换的时候可以做到线速。

（3）第 3 层包转发线速

$$第 3 层包转发率=千兆端口数量×1.488Mp/s+百兆端口数量×$$
$$0.1488Mp/s+其余类型端口数×相应计算方法$$

如果这个速率不大于标称 3 层包转发速率，那么交换机在做第 3 层交换的时候可以做到线速。

二、MAC 地址表

交换机之所以能够直接对目的节点发送数据包，而不是像集线器一样以广播方式对所有节点发送数据包，最关键的技术就是交换机可以识别连在网络上的节点的网卡 MAC 地址，并把它们放到一个叫做 MAC 地址表的地方。这个 MAC 地址表存放于交换机的缓存中，并记住这些地址，这样一来，当需要向目的地址发送数据时，交换机就可在 MAC 地址表中查找这个 MAC 地址的节点位置，然后直接向这个位置的节点发送。所谓 MAC 地址数量是指交换机的 MAC 地址表中可以最多存储的 MAC 地址数量，存储的 MAC 地址数量越多，那么数据转发的速度和效率也就越高。

但是不同档次的交换机每个端口所能够支持的 MAC 数量不同。在交换机的每个端口，都需要足够的缓存来记忆这些 MAC 地址，所以 buffer（缓存）容量的大小就决定了相应交换机所能记忆的 MAC 地址数多少。通常交换机只要能够记忆 1024 个 MAC 地址就可以了，而一般的交换机通常都能做到这一点，所以如果是网络规模不是很大的情况，对这参数无需太多考虑。当然越是高档的交换机能记住的 MAC 地址数就越多，这在选择时要视所连网络的规模而定。

三、端口类型

端口类型是指交换机上的端口是以太网、令牌环、FDDI 还是 ATM 等类型，一般来说，固定端口交换机只有单一类型的端口，适合中小企业或个人用户使用，而模块化交换机由于有不同介质类型的模块可供选择，端口类型更为丰富，这类交换机适合部门级以上级别用户选择。

　　快速以太网交换机端口类型一般包括 10Base-T、100Base-TX、100Base-FX，其中 10Base-T 和 100Base-TX 一般是由 10M/100M 自适应端口提供，即通常我们所讲的 RJ-45 端口。图 3-7(a)所示为 10Base-T 网 RJ-45 端口，而图 3-7(b)所示为 10/100Base-TX 网 RJ-45 端口。其实这两种 RJ-45 端口仅就端口本身而言是完全一样的，但端口中对应的网络电路结构是不同的，所以也不能随便接。

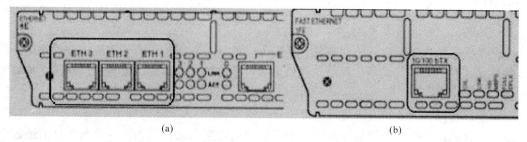

(a)　　　　　　　　　　　　　　　　　　　　　　(b)

图 3-7　RJ-45 端口

(a) 10Base-T 网 RJ-45 端口；(b) 10/100Base-TX 网 RJ-45 端口

　　像 FDDI 等高性能交换机还提供 100Base-FX、千兆 FL 光纤接口。这种接口就是我们平时所说的 SC 端口，它用于与光纤的连接，如图 3-8 所示。

图 3-8　光纤接线盒的 SC 接口

四、全双工

　　交换机的全双工是指交换机在发送数据的同时也能够接收数据，两者同步进行，这好像我们平时打电话一样，说话的同时也能够听到对方的声音。目前的交换机都支持全双工。全双工的好处在于延迟小，速度快。

　　提到全双工，就不能不提与之密切对应的另一个概念，那就是"半双工"。所谓半双工就是指一个时间段内只有一个动作发生。举个简单例子，一条窄窄的马路，同时只能有一辆车通过，但目前有两辆车对开，这种情况下就只能一辆先过，完全通过后另一辆再过，这个例子就形象地说明了半双工的原理。早期的对讲机以及早期集线器等设备都是实行半双工的产品。随着技术的不断进步，半双工会逐渐退出历史舞台。

【小试牛刀】

　　登录国内著名的 IT 网站 www.pconline.com.cn，搜索相关的网络设备，了解交换机的性能指标。

任务 2　交换机的基本功能

【任务描述】

本次任务要求认识交换机的交换方法，认识交换机的基本功能。

【知识预读】

一、数据交换与转发方式

交换机主要作用是进行快速高效、准确无误地转发数据帧，为了实现这样的作用，现代网络交换机针对不同的网络环境均提供多种可选择的交换方式，以更好地发挥交换机的优势。

交换机通过以下 3 种方式进行交换：

（1）直通式交换。在直通交换方式中，交换机边接收边检测。一旦检测到目的地址字段，就立即将该数据帧转发出去，而不管这一数据帧是否出错，出错检测任务由节点主机完成。这种交换方式的优点是交换延迟时间短，缺点是缺乏差错检测能力，不支持不同输入/输出速率的端口之间的数据转发。

（2）存储转发交换。存储转发方式是计算机网络领域应用最为广泛的方式。它把输入端口的数据帧先存储起来然后进行差错检测，如接收数据正确，再根据目的地址确定输出端口号，将数据转发出去。存储转发方式在数据处理时延时大，这是它的不足。但是，它可以对进入交换机的数据帧进行错误检测，保持高速端口与低速端口间的协同工作，有效地改善网络性能。尤其重要的是，它可以支持不同速度的端口间的转换，保持高速端口与低速端口间的协同工作。

（3）碎片隔离交换。这是介于前两者之间的一种解决方案。它检查数据帧的长度是否够 64B，如果小于 64B，说明是残帧，则丢弃该帧；如果大于 64 B，则根据目的 MAC 和源 MAC 发送该帧。这种方式也不提供数据校验。它的数据处理速度比存储转发方式快，但比直通方式慢。可以看出，对于超过以太网规定最大帧长的 1518B 的超长数据帧，碎片隔离方式也是没有办法检查出来的，即采用这种方式的交换机同样会将这种超长的错误数据帧发送到网络上，从而无谓地占用网络带宽，并会占用目标主机的处理时间，降低网络效率。

二、交换机的基本功能

下面对交换机在局域网环境中的基本功能进行讨论。

1. 地址学习

前面已经介绍过交换机的工作原理，其实质是保存一份供交换机随时查询的"查询表"，即我们说的 MAC 地址表"端口地址表"，下面将详细说明交换机如何在没有人工干预的情况下形成动态的"MAC 地址表"。

简单地说，交换机可以记住在一个接口上所收到的数据帧的源 MAC 地址，并将此 MAC 地址与接收端口的对应关系存储到 MAC 地址表中。

在交换机加电启动之初，MAC 地址表为空。因为交换机不知道任何目的地的位置，所以采用扩散算法（flooding algorithm）：把每个到来的目的地不明的数据帧输出到此交换机的所有其他端口，并通过这些端口发送到其连接的每一个物理网段中（除了发送该帧的物理网段）。随着发送数据帧站点的逐渐增多，一段时间之后，交换机将了解每个站点与交换机端口的对应关系。这样，当交换机收到一个到达某一个站点数据之后，就可以根据这个对应关系找到相应的端口进行定向的发送了。

当一台计算机从交换机的一个端口移到另一个端口时，MAC 地址表的信息就需要更新。在每次添加或更新地址映射表的表项时，添加或更新的表项被赋予一个计时器，如图 3-9 所示。这使得该端口与 MAC 地址的对应关系能够存储一段时间。如果在计时器溢出之前没有再次捕获到该端口与 MAC 地址的对应关系，该表项将被交换机删除。通过移走过时的或老的表项，交换机维护了一个精确且有用的地址映射表。

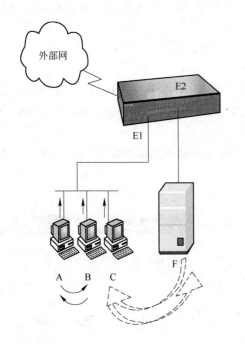

设备	端口	MAC	计时
A	E1	01-11-5A-00-43-7E	…
B	E1	01-11-51-00-78-AD	…
C	E1	01-11-51-00-ED-4F	…
F	E2	01-11-51-00-3C-C5	…

目的地址 B　　　　　　源地址 A

01-11-51-00-78-AD　　01-11-5A-00-43-7E

目的地址 A　　　　　　源地址 B

01-11-5A-00-43-7E　　01-11-51-00-78-AD

目的地址 F　　　　　　源地址 C

01-11-51-00-3C-C5　　01-11-51-00-ED-4F

目的地址 C　　　　　　源地址 F

01-11-51-00-ED-4F　　01-11-51-00-3C-C5

图 3-9　交换机与地址映射表

2．通信过滤

交换机建立起端口/MAC 地址映射表之后，就可以对通过的信息进行过滤了。以太网交换机在地址学习的同时还检查每个帧，并基于帧中的目的地址做出是否转发或转发到休息的决定。

假设站点 A 需要向站点 F 发送数据，因为站点 A 通过共享连接到交换机的端口 1，所以，交换机从端口 1 读入数据，并通过地址映射表决定将该数据转发到哪一个端口。在表 3-2 所示的地址映射表中，站点 F 与端口 4 相连。于是，交换

表 3-2　地址映射表

端口	MAC 地址	计时
1	00-30-80-7c-f1-21(A)	…
1	52-54-4c-19-3d-03(B)	…
1	00-50-ba-27-5d-a1(C)	…
2	00-d0-09-f0-33-71(D)	…
4	00-00-b4-bf-1b-77(F)	…
4	00-e0-4c-49-21-25(H)	…

机将信息转发到端口 4，不再向端口 1、端口 2、端口 3 转发。

假设站点 A 需要向站点 C 发送数据，交换机同样在端口 1 接收该数据。通过搜索地址映射表，交换机发现站点 C 与端口 1 相连，与发送的源站点处于同一端口。遇到这种情况，交换机一再转发，简单地将数据抛弃，数据信息被限制在本地流动。

以太网交换机隔离了本地信息，从而避免了网络上不必要的数据流动。这是交换机通信过滤的主要优点，因此提供了更多的带宽。

但是，如果站点 A 需要向站点 G 发送信息，交换机在端口 1 读取信息后检索地址映射表，结果发现站点 G 在地址映射表中并不存在。在这种情况下，为了保证信息能够到达正确的目的地，交换机将向除了端口 1 之外的所有端口转发信息。当然，一旦站点 G 发送信息，交换机就会捕获它与端口的连接关系，并将得到的结果存储到地址映射表中。

【实践向导】

步骤 1：将计算机连接到一台可管理交换机上，其中 SW1912 设置 IP 地址 192.168.1.1，子网掩码 255.255.255.0，PC1、PC2 和交换机同一个网段，如 192.168.1.X（X 是 2-254 中的一个数字），255.255.255.0，如图 3-10 所示。

步骤 2：在 PC1 上点击"开始"→"运行"，在弹出的对话框中输入 cmd，如图 3-11 所示，单击"确定"按钮。

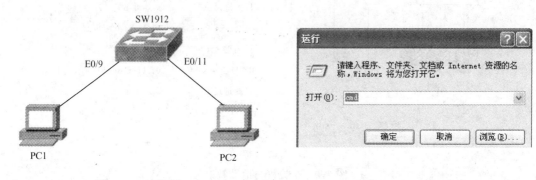

图 3-10　连接图　　　　　　　　　　　图 3-11　运行对话框

步骤 3：在 cmd 对话框中输入 telnet 192.168.1.1,如图 3-12 所示。

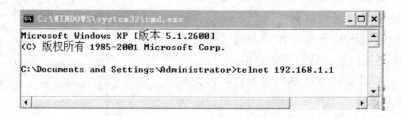

图 3-12　cmd 对话框

步骤 4：输入用户名及密码，默认是 cisco，如图 3-13 所示。

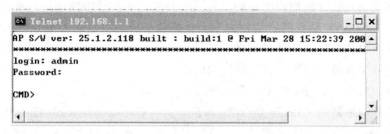

图 3-13　登录对话框

步骤 5：sw1912#show mac-address-table　　/#查看 MAC 地址表

结果：

Number of restricted static add resses:0

Number of dynamic addresses:2

Address Dest Interface Type Source Interface List

0000.0C8E.CDD2 Ethernet0/11 Dynamic All

0000.0C76.F737 Ethernet0/9 Dynamic All

【小试牛刀】

试采用 mac-address-table static 命令定义永久 MAC 地址(绑定 MAC 地址)。

模块 2　管理交换机

本模块主要是介绍可管理型交换机的登录方式、端口镜像、端口 IP 绑定、交换机的维护等等，实验所用的交换机是具有代表性的 CISCO2900 系列，没有硬件实验设备可以用模拟器 Boson NetSim 6.31 代替。

任务 1　Boson NetSim 6.31 使用

【任务描述】

本任务要求认识路由器仿真软件 Boson NetSim 的使用界面，掌握网络拓扑的搭建方法。

【知识预读】

一、Boson NetSim 6.31 介绍

路由、交换仿真软件就是对真实的路由器、交换机等网络设备进行软件模拟，可以在安装仿真软件的普通 PC 机上进行网络设备的配置、管理以及网络规划、网络验证等工作，而不需要真实的网络设备。目前，市场上路由、交换等网络设备模拟软件有很多种，比较优秀的有 Boson、RouterSim、CIM 等。其中 Boson 是目前最流行的，最接近真实环境的模拟软件。可以说，Boson 软件是真实设备的缩影。

熟练掌握交换机、路由器的配置命令需要进行经常性的实践，特别是对于配置命令的

学习，可以采用仿真软件模拟网络环境，提高实验的效率，减少频繁接触设备而造成的设备损坏。另外，CISCO 设备的价格相对于其他品牌的同类型设备往往比较昂贵。如果以学习为目的就可以使用仿真软件模拟在 PC 机上搭建网络环境。这样就不需要购买昂贵的网络设备，降低了普通用户学习网络知识的门槛。

Boson 模拟软件可以省去实验中频繁连接网络设备，不停地往返于设备之间的环节。Boson 模拟软件和最新的 CISCO 的 IOS 保持一致，它可以模拟 CISCO 高中低端网络设备。同时，Boson 还有一个强大的功能，那就是自定义网络拓扑结构。通过 Boson，我们可以随意构建网络，PC 机、交换机、路由器都可被模拟出来，而且它还能模拟出多种连接方式(如 PSTN、ISDN、PPP 等)。

Boson 包括 3 个主要组件，分别为 Network Designer、Control Panel、Lab Navigator。

（1）Network Designer 可让用户构建自己的网络拓扑。我们可以通过这个组件搭建自己的免费实验室，验证各种网络连接形式以及规划各种不同的网络。

（2）Control Panel 是最重要的组件，用户可以选择指定网络拓扑结构中不同的路由、交换设备并进行配置。全部的配置命令均在这个组件中输入。

（3）Lab Navigator 是 Boson 提供的非常有代表性的实验模板，其中有特定的网络拓扑，并实现特定的网络功能。其中既有适合初学者的基础性模板，也有针对非常有经验的网络管理员的实验模板。

二、Control Panel 组件的使用

（1）在图 3-14 所示的 Boson 软件初始界面上，选择"Load Simulator with Default Labs and NetMap"或者"Load Simulator for Custom Boson Courseware"，然后点击"Next"即可进入包含默认网络拓扑结构的 Control Panel。

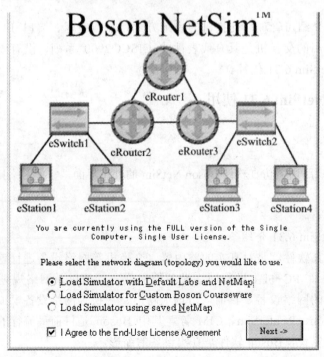

图 3-14　Boson 初始界面

（2）Control Panel 界面如图 3-15 所示，与一般窗口界面软件相同，Control Panel 有菜单栏、工具栏、工作区等等。Boson 的常规操作在工具栏中即可完成。在工具栏的 eRouters 中，包含网络拓扑图中 5 个 Router，分别选择 Router1、2、3、4、5 即可在工作区中进入相应 Router 的配置模式。同样，在 eSwitches 中包含 5 个 Switch，选择 Switch1、2、3、4、5 等即可进入相应 Switch 的配置模式。选择"NetMap"可以查看 Control Panel 的默认网络拓扑，如图 3-16 所示。所有配置均以此网络拓扑为基础。

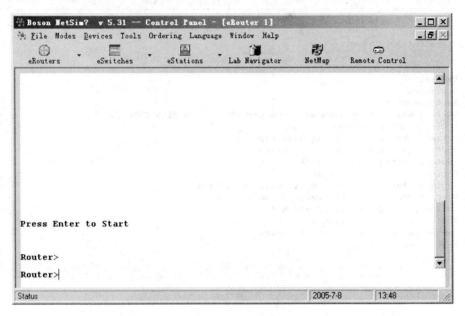

图 3-15　Control Panel 界面

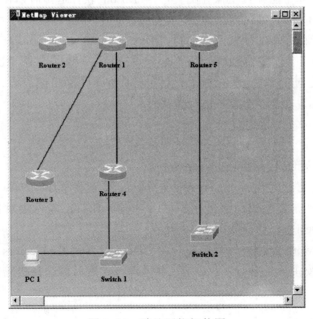

图 3-16　默认网络拓扑图

　　（3）选择工具栏中"eRouters"，点击"Router2"，进入路由器 2 的配置模式，在此可以按照真实路由器的配置命令，进行路由器配置。对路由器名称、特权口令、telnet 口令、console 口令等的基本配置如图 3-17 所示。

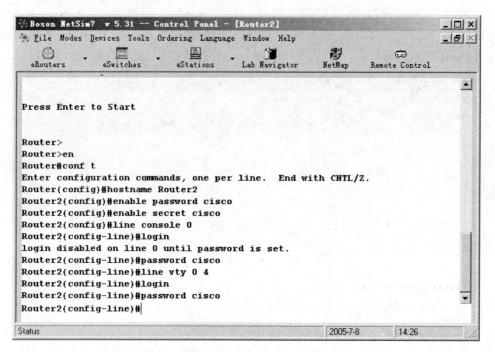

图 3-17　基本配置命令

　　（4）保存设置。CISCO 路由器有保存配置的命令：copy running-config startup-config，但是此命令并不能够真正保存配置，当 Boson 软件退出时，使用 copy 命令保存的配置不再有效。Boson 中保存路由器配置，必须使用"File"菜单的"Save single device config"命令保存当前设备的配置或者选择"Save multi devices configs"命令，保存软件中所有设备的配置。与之对应，打开 Boson 软件时，可以选择"Load single device config"打开已保存过的单个设备的配置文件，以便继续编辑或查看，也可选择"Load multi devices configs"打开多个设备的配置文件。

【实践向导】

　　用 Network Designer 构建自己的网络拓扑。

　　步骤 1：打开程序栏"Boson Network Designer"，运行程序。Network Designer 操作简单，但可以构造非常复杂的网络拓扑，并且可以在 Boson 软件中对自己的网络拓扑进行配置。Network Designer 界面如图 3-18 所示。

　　步骤 2：在 Network Designer 界面左边的"Devices and Connectors"中选择网络设备的型号，然后直接按住鼠标拖动到右边的工作区即可。然后再选择相应的网络连接线。按照提示完成设置。

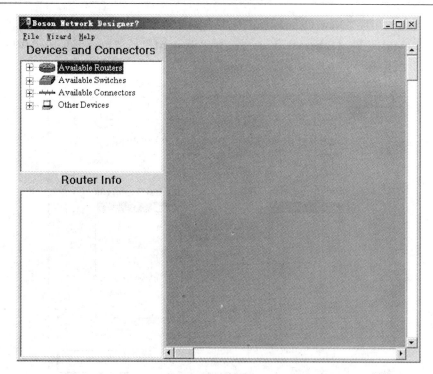

图 3-18　Network Designer 界面

步骤 3：选择"Available Routers"中"2600 Series"中的"2611"，拖动到工作区，这时会弹出"Add Router With WAN Port"，为此 2611 路由器选择多个不同的 WAN 端口以及设备名称，如图 3-19 所示，也可以采用默认设置。

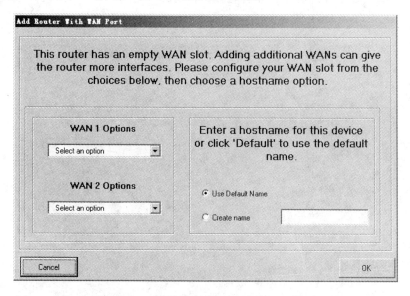

图 3-19　Add Router With WAN Port 界面

步骤 4：再在"Available Switchs"中选择 2950 交换机，拖动至工作区。按照交换机与路由器连接方式，在"Available Connectors"中选择"Ethernet"的以太网连接方式拖动至工作区。这时出现"New Connection"对话框，为该连接确定两端的端口。如图 3-20 所示，选择"Router1"的"Ethernet 0"，再选择"Switch1"的"Fast Ethernet 0/1"端口。这样就建立了路由器与交换机的连接。

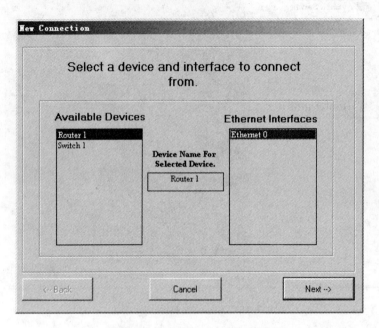

图 3-20　New Connection 界面

步骤 5：用同样的方法可以建立如图 3-21 所示的网络拓扑图。注意 Router1、Router2 必须选择"Serial"连接方式进行背靠背连接，同时必须选择一个作为 DCE 设备。这里可以选择"Router1"作为 DCE 设备。

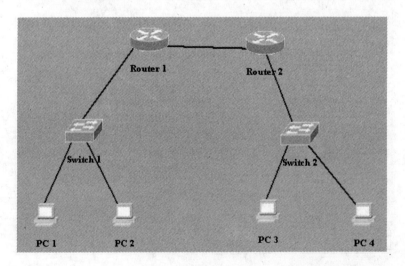

图 3-21　网络拓扑图

步骤 6：选择"File"菜单"Save"命令，保存已设置好的拓扑图。再打开 Control Panel，选择"Load Simulator using NetMap"，同时打开保存好的网络拓扑图，就可以测试、配置自己的网络。

任务 2 登录交换机

【任务描述】

本次任务要求通过超级终端和远程登录交换机，在各种交换机配置模式之间熟练切换。

【知识预读】

超级终端是一个通用的串行交互软件，Windows 2000 和 Windows XP 自带有超级终端，通过简单的配置及连接线就可连接到交换机。PC 机作为控制终端使用，用翻转线连接 PC 机的串口(COM1)与交换机的 console 口，如图 3-22 所示。

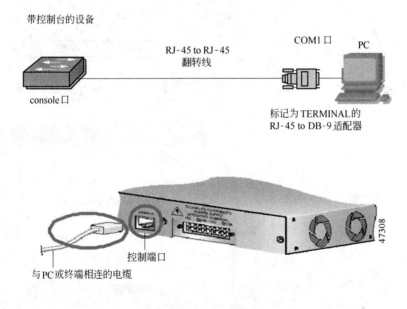

图 3-22 超级终端连接

【实践向导】

步骤 1: 配置超级终端。

选择"开始"菜单"程序"→"附件"→"通信"→"超级终端"，打开超级终端。在图中填入电话号码的区号，随便输入一个区号也可，如图 3-23 所示。

在选项卡新建连接中输入名称，如 CISCO2950，再选择图标，按"确定"，如图 3-24 所示。

新建连接，选择 PC 机使用的串口（本实验为 COM1），并将该串口设置为比特率 9600 比特、数据位 8 位、奇偶校验无、停止位 1 位、数据流控制硬件。或者直接点击

"还原为默认值"即可，如图 3-25 所示。

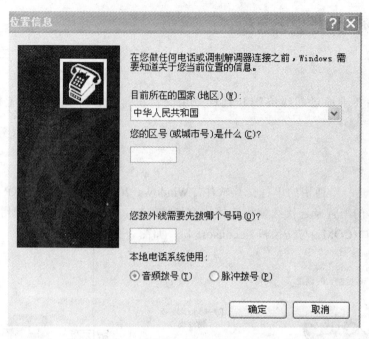

图 3-23　位置信息

图 3-24　新建连接

图 3-25　超级终端信息

步骤 2：登录到超级终端。

进入超级终端程序后，单击"回车"键，系统将收到交换机的回送信息。超级终端的登录界面如图 3-26 所示。

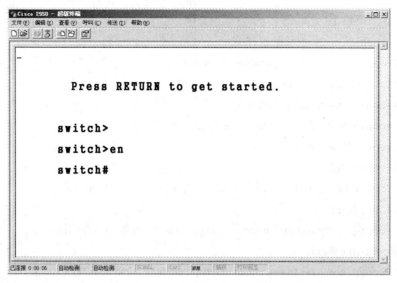

图 3-26 交换机登录界面

步骤 3：超级终端登录界面中，switch 表示交换机缺省名，根据实际需要可以修改，方法是：

switch>enable   /#进入特权模式

switch#conf   t   /#configuration terminal 的简写，进入全局配置模式

switch(config)#hostname sw2950   /#将缺省的交换机名改为 sw2950

sw2950 (config)#end   /#返回特权配置模式

sw2950# copy running-config startup-config   /#保存配置信息

步骤 4：远程登录交换机。

远程登录交换机（连接示意图如图 3-27 所示），即通过 telnet 程序登录到交换机，或者通过 HTTP 协议访问交换机，或者通过厂商配备的网管软件对交换机进行配置管理。远程登录交换机前必须知道交换机的 IP 地址，如果没有 IP 地址，先设置交换机 IP 地址。

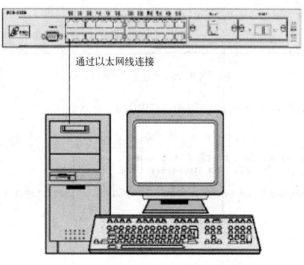

图 3-27 远程方式管理交换机连接示意图

（1）设置交换机 IP 地址。

sw2950>enable　　　/#进入特权模式

sw2950#conf　t　　　/#configuration terminal 的简写，进入全局配置模式

sw2950 (confi) #enable password cisco　　　/#以 cisco 为特权模式密码

sw2950 (conf) #interface fastethernet 0/17　　　/#以 17 端口为 telnet 远程登录端口

sw2950 (conf-if)#ip address 192.168.1.1 255.255.255.0

sw2950 (conf-if)#no shut

sw2950 (conf-if)#exit

sw2950 (conf)line vty 0 4　　　/#设置 0～4 个用户可以 telnet 远程登录

sw2950 (conf-line)#login

sw2950 (conf-line)#password edge　　　/#以 edge 为远程登录的用户密码

sw2950(conf-line)#exit

sw2950 (conf)# copy running-config startup-config　　　/#保存配置信息

完成所有设置后，重新启动交换机，新设置的主机名和 IP 地址就开始生效了。

（2）主机设置。

IP 地址：　192.168.1.2　主机的 IP 必须和交换机端口的地址在同一网络段

子网掩码：255.255.255.0

网关：192.168.1.1　网关地址是交换机端口地址

（3）进入 telnet 远程登录界面。

点击"开始→运行"，出现如图 3-28 所示的界面。

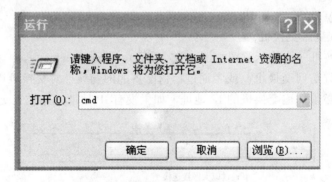

图 3-28　"运行"窗口

点击"确定"后出现命令窗口，如图 3-29 所示。

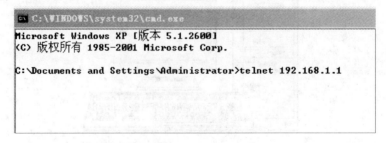

图 3-29　telnet 登录方法

password : edge　　/#这是登录交换机的密码

sw2950>　　/#登录成功后进入用户模式

sw2950>enable　　/#进入特权模式

sw2950#

【知识拓展】

一、交换机命令模式概要

交换机是用不同级别的命令进行配置的，同时保证了一定的安全性、规范性。对于几种配置模式的学习，需要不断地使用才可掌握。几种配置模式如图 3-30 所示。

（1）普通用户模式。开机直接进入普通用户模式，在该模式下只能查询交换机的一些基础信息，如版本号（show version）。提示信息为"switch>"。

（2）特权用户模式。在普通用户模式下输入 enable 命令即可进入特权用户模式，在该模式下我们可以查看交换机的配置信息和调试信息等等。提示信息为"switch#"。

（3）全局配置模式。在特权用户模式下输入 configure terminal 命令即可进入全局配置模式，在该模式下主要完成全局参数的配置。提示信息为"switch(config)#"。

（4）接口配置模式。在全局配置模式下输入 interface interface-list 即可进入接口配置模式，在该模式下主要完成接口参数的配置。提示信息为"switch(config-if)#"。

（5）VLAN 配置模式。在全局配置模式下输入 vlan database 即可进入 VLAN 配置模式，在该配置模式下可以完成 VLAN 的一些相关配置。提示信息为"switch(vlan)#"。

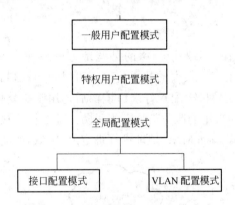

图 3-30　交换机常用配置模式

注意：在使用命令行进行配置的时候，我们不可能完全记住所有的命令格式和参数，思科交换机提供了强有力的帮助功能，在任何模式下均可以使用"？"来帮助我们完成配置。使用"？"可以查询任何模式下可以使用的命令，或者某参数后面可以输入的参数，或者以某字母开始的命令。如在全局配置模式下输入"？"或"show ？"或"s？"。

二、交换机工作模式切换

（1）登录交换机，进入用户模式。连接交换机并且登录。请注意现在交换机上的显示符号。显示为"Switch>"。

（2）使用 help 命令。使用 help 命令（？）查看在用户模式下交换机所支持的命令。

（3）进入特权模式。输入（enable）命令，进入特权模式。如果交换机有密码保护，此时就需要输入确认密码。注意现在所显示符号和用户模式时的差别。显示为"Switch#"。

（4）使用 help 命令。使用 help 命令（？）查看在特权模式下交换机所支持的命令。注意和用户模式下的区别。

（5）进入全局配置模式。输入命令"configure terminal or config t"进入全局配置模式。注意现在所显示符号以及命令提示。显示为"Switch(config) #"。

（6）使用 help 命令，使用 help 命令（？）查看在全局配置模式下路由器所支持的配置命令。

（7）退出全局配置模式。使用快捷键（Ctrl+Z）退出全局配置模式，进入特权模式。也可以使用命令"exit"退出全局配置模式。

（8）退出特权模式，使用命令"disable"从特权模式回到用户模式。

（9）退出交换机，使用命令"exit"退出交换机。这个命令可以用来从特权模式中退出交换机。

注意：自己通过实验体会 end 命令的作用，体会各种模式的切换方法。

任务 3　管理与维护交换机

【任务描述】

交换机的管理所涉及的内容比较多，本任务主要讲述端口镜像、链路聚合和 MAC 地址绑定。在维护方面主要是用 TFPT 对交换机的配置文件进行上传及下载保存。

【知识预读】

作为网络管理人员，有时会发现网络的某些地方网络速度非常慢，这时可以查看流量，可能是有人在进行占用带宽很大的数据传输，可以对该端口作镜像来分析其做了些什么，然后来解决问题。在交换机上配置好端口镜像后，用嗅探软件（如 sniffer）来查看一下与此端口通信的计算机和采用的服务类型。为了防止非法用户接入，防止用户修改 IP 而引起的 IP 冲突，可以把该端口和 MAC 地址进行绑定,IP-MAC 地址绑定，如图 3-31 所示。

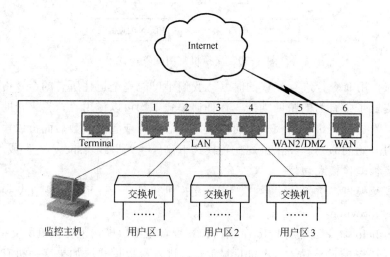

图 3-31　交换机连接图

【实践向导】

步骤 1：端口镜像。端口镜像中的源和目的端口的速率必须匹配，否则可能会丢弃数据。

CISCO2950 交换机，都是默认配置，在一个 VLAN1 里，现在要做一个端口镜像，将 2～12 口的所有数据都分到 1 口，命令如下：

Switch>enable

Switch>conf t

Switch(config)#monitor session 1 source interface fastEthernet 0/2 - 12

Switch(config)#monitor session 1 destination interface fastEthernet 0/1

步骤 2：在端口 1 所连接的计算机上安装 sniffer 软件就可以查看所有 2～12 端口的数据了，并可以分析出源地址以及使用协议类型等信息。

步骤 3：MAC 地址绑定。只说明基于端口的 MAC 地址绑定。

以思科 2950 交换机为例，登录进入交换机，输入管理口令进入配置模式，敲入命令：

Switch # config terminal　　　　/# 进入配置模式

Switch（config）# Interface fastethernet 0/1　　/# 进入具体端口配置

Switch（config-if）#Switchport port-security　　/# 配置端口安全模式

Switch（config-if）switchport port-security mac-address MAC（主机的 MAC 地址）/# 配置该端口要绑定的主机的 MAC 地址

Switch（config-if）no switchport port-security mac-address MAC（主机的 MAC 地址）/# 删除绑定主机的 MAC 地址

步骤 4：交换机配置文件的备份与恢复。

1. 备份方法

（1）用 console 和一根直通网线将 PC 与交换机相连，以 COM1 口为例，前者为配置而用,后者为传输而用。

（2）打开一个超级终端,设置为默认的连接参数。

（3）登录到交换机:enable > conf t > interface vlan 1 进入特权模式。然后配置 VLAN 1 的管理 IP 地址。使用命令"ip add 192.168.1.1 255.255.255.0 > no shutdown"。

（4）配置 vty 密码,如果不配置,则无法 telnet 到交换机。使用命令"line vty 0 4 > login > passwd xxxxxx"。

（5）配置特权密码。使用命令"enable passwd xxxxxx"。

（6）第一阶段配置完毕。然后在 PC 机上安装 tftp server 软件并运行。指定文件备份路径。接下来在 PC 机上用 telnet 登录交换机。"cmd > telnet 192.168.1.1"提示输入密码，通过后进入特权模式，使用命令 show version (查看 IOS 的名字,一般为 xxx.bin) > copy flash tftp > 选择源文件名 > 输入主机 PC 的 IP 192.168.1.1,回车, 开始传输, 2 min 左右即可将 IOS 下载到指定的目录。

2. 恢复方法

（1）用控制线连接交换机 console 口与计算机串口 1，用带有 xmodem 功能的终端软件连接（Windows 2000 和 Windows XP 的超级终端就带有此功能）。

（2）设置连接方式为串口 1（如果连接的是其他串口就选择其他串口），速率 9600，无校验，无流控，停止位 1。或者点击默认设置也可以。

（3）连接以后，按"回车"键，出现交换机无 IOS 的界面，一般的提示符是"switch:"。

（4）拔掉交换机后的电源线。

（5）按住交换机面板左侧的 mode 键(这一步很重要，这样，xmodem 功能才是 available)，插入交换机后边的电源插头给交换机加电，直到交换机面板上没有接线的以太口指示灯都亮和交换机的几个系统指示灯都常亮。

（6）在超级终端输入：

switch:flash_init

会出现如下提示：

Initializing Flash...

flashfs[0]: 1 files, 1 directories

flashfs[0]: 0 orphaned files, 0 orphaned directories

flashfs[0]: Total bytes: 3612672

flashfs[0]: Bytes used: 1536

flashfs[0]: Bytes available: 3611136

flashfs[0]: flashfs fsck took 3 seconds.

...done Initializing Flash.

Boot Sector Filesystem (bs installed, fsid: 3)

Parameter Block Filesystem (pb installed, fsid: 4)

（7）switch:load_helper

输入后无提示。

（8）输入拷贝指令：

switch:copy xmodem: flash:filename.bin

实际指令是：

switch: copy xmodem:　　flash:c2950-i6q4l2-mz.121-14.EA1a.bin

出现如下提示：

Begin the Xmodem or Xmodem-1K transfer now...

（9）系统提示不断出现 C 这个字母就可以开始传文件了。

（10）点击超级终端菜单：传送—发送文件，在协议选项中选择"Xmodem"或者"Xmodem-1K"协议，然后选择 IOS 的影像文件（*.bin），开始传送。

（11）因为不能改速率，所以传送得很慢，大概传送 40 min 左右，请耐心等待。

（12）传送完毕后提示：

File "xmodem:" successfully copied to "flash:c3500xl-c3h2s-mz.120-5.wc5.bin"

switch:

（13）在提示符下输入：

switch:boot

启用新的 IOS 系统。

（14）重新加电完成恢复工作。

●　项目总结

　　本项目主要介绍交换机的管理工作，通过任务实训，读者可以认识不同类型的交换机，认识交换机的工作原理，利用超级终端对可管理型交换机进行日常维护及管理，初步掌握 VLAN 的划分及配置。

　　另外，本项目对模拟器 Boson NetSim 6.31 的使用也进行了介绍，对没有相关硬件设备实训的读者有很大的帮助。

●　挑战自我

一、填空题

（1）以太网交换机的数据转发方式可以分为_____、_____和_____3 类。

（2）交换式局域网的核心设备是_____。

二、选择题

（1）以太网交换机中的端口/MAC 地址映射表是（　　　）。

　　A. 由交换机的生产厂商建立的

　　B. 交换机在数据转发过程中通过学习动态建立的

　　C. 由网络管理员建立的

　　D. 由网络用户利用特殊的命令建立的

（2）下列说法错误的是（　　　）。

　　A. 以太网交换机可以对通过的信息进行过滤

　　B. 以太网交换机中端口的速率可能不同

　　C. 在交换式以太网中可以划分 VLAN

　　D. 利用多个以太网交换机组成的局域网不能出现环路

三、实践题

　　在交换机上划分两个 VLAN10、VLAN20，分别接上 PC1 和 PC2，如图 3-32 所示，使它们互相不能通信。

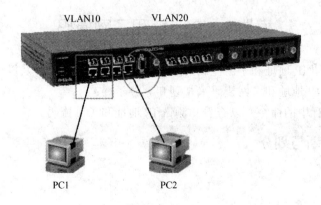

图 3-32　实践连接图

项目4 网络互联

● 项目引言

目前的计算机网络规模还在不断扩大，这必然涉及不同的网络之间的连接问题。根据范围，计算机网络主要包括局域网和互联网两大类。局域网之间如何连接、局域网和互联网之间如何连接都要用到非常流行和普及的 TCP/IP 协议，还要用到一种称为"路由"的技术。

本项目主要通过实际案例使读者理解 IP 地址与子网掩码的概念、特点和功能，掌握利用 IP 地址划分子网的基本方法和网络测试过程中要用到的基本命令；同时，还要讲解路由的基本概念、路由器的使用配置方法等。

● 项目概要

模块 1　IP 地址和子网掩码
　　任务 1　子网规划与划分
　　任务 2　命令行的使用
模块 2　管理路由器
　　任务 1　认识路由器
　　任务 2　配置路由器
模块 3　网络服务与应用
　　任务 1　域名（DNS）服务
　　任务 2　DHCP 服务
　　任务 3　FTP 服务

模块1　IP 地址和子网掩码

本模块主要介绍 IP 地址和子网掩码的基本概念和功能作用，涉及以下两个任务：
（1）利用修改 IP 地址和子网掩码来规划和划分子网；
（2）认识命令行中的命令，以查看和测试 IP 地址和子网掩码。

任务 1　子网规划与划分

【任务描述】

子网即小的计算机网络，一个局域网可以包括若干台计算机，也可以包括若干个子网。本任务要求掌握从一个局域网中划分出若干子网的基本方法。

【知识预读】

一、什么是 IP 地址

1. 概念

IP 是 internet protocol（国际互联网协议）的缩写。IP 协议提供一种通用的地址格式，并在统一管理下进行地址分配，保证一个地址对应一台主机，这个统一的地址形式就是 IP 地址。具体来说，IP 地址的形式为 4 组 8 位二进制数，中间用小数点隔开，例如：11000000.10101000.00001010.01100101，习惯上将 IP 地址转换成十进制形式：192.168.10.101。

值得注意的是，局域网和互联网中都有 IP 地址。局域网的 IP 地址由用户指定，具体操作为在操作系统桌面上右键点击"网上邻居"图标选择属性，右键点击连接选择属性，再选择 TCP/IP 协议的属性，如图 4-1 所示，可以自动获取，也可以手动设置。

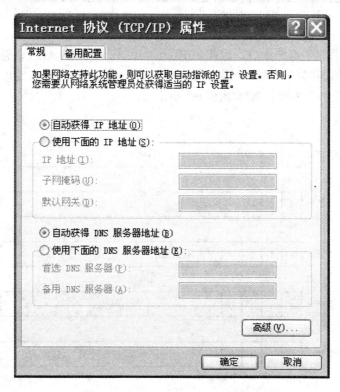

图 4-1　获取 IP 地址

互联网中 IP 地址的取得方式，简单地说是大的组织先向 Internet 的 NIC（Network Information Center）申请若干 IP 地址，然后将其向下级组织分配，下级组织再向更下一级的组织分配 IP 地址。事实上，在互联网中正是通过 IP 地址才找到各个主机的。如图 4-2 所示，在浏览器地址栏输入百度网站服务器的 IP 地址，即可访问到百度首页。

2. 分类

为了便于对 IP 地址进行管理，同时还考虑到网络的差异很大，有的网络拥有很多主

图 4-2　百度首页

机，而有的网络上的主机则很少，因此将 IP 地址分成 5 类，即 A 到 E 类。D 类地址是组播地址，主要留给因特网体系结构委员会使用。E 类地址保留为今后使用。目前大量使用的 IP 地址为 A 至 C 类 3 种。具体如图 4-3 所示。

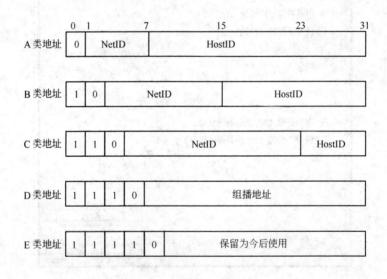

图 4-3　IP 地址的分类

（1）A 类地址。A 类 IP 地址的最高位为 0，其前 8 位为网络地址，是在申请地址时由管理机构设定的，后 24 位为主机地址，可以由网络管理员分配给本机构子网的各主机。一个 A 类地址最多可容纳 2^{24}（约 1600 万）台主机，全世界最多可有 2^7 = 128 个 A 类地址。当然这两个"最多"是纯粹从数学上讲的，事实上不可能达到，因为一个网络中有些地址另有特殊用途，不能分配给具体的主机和网络。用 A 类 IP 地址组建的网络称为 A 类网络。

（2）B 类地址。B 类 IP 地址的前 16 位为网络地址，后 16 位为主机地址，且前两位为 10。B 类地址的第一个十进制整数的值在 128～191 之间。一个 B 类网络最多可容纳 2^{16} 即 65536 台主机，全世界最多可有 2^{14}（约 1.6 万）个 B 类地址。

（3）C 类地址。C 类 IP 地址的前 24 位为网络地址，最后 8 位为主机地址，且前 3 位为 110。C 类地址的第一个整数值在 192～223 之间。1 个 C 类网络最多可容纳 2^8-2 即 254 台主机。全世界共有 2^{21}（约 209 万）个 C 类地址。C 类地址如下所示：211.67.48.8，不同类型的子网地址分配给不同规模的网络，能充分地利用 32 位长度的地址空间。

3．组成

IP 地址的 32 个二进制位数被分为两个部分，即网络地址和主机地址，网络地址就像电话的区号，标明主机所在的网络，主机地址则表示网络内具体的主机。例如 IP 地址 192.168.0.1，可能网络地址为 192.168.0，主机地址为 1。IP 地址中哪些是网络地址、哪些是主机地址，由下面介绍的子网掩码而定。

二、什么是子网掩码

无论是局域网还是整个 Internet 都是由很多独立的小网络互联而成的，每个独立的网络，都是一个子网，可以包含若干台计算机。每个子网通过 IP 地址中的网络地址来表示，而子网掩码将 IP 地址划分成网络地址和主机地址两部分。

1．子网掩码的作用

（1）便于网络设备尽快地区分本网段地址和非本网段的地址，即网络设备用来判断任意两台计算机的 IP 地址是否属于同一子网的根据。

（2）将子网进一步划分，缩小子网的地址空间。将一个网段划分为多个子网段，便于网络管理。子网掩码的作用如图 4-4 所示。

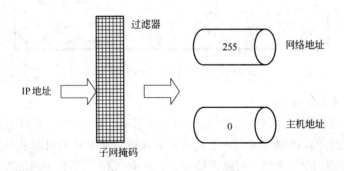

图 4-4　子网掩码的作用

2．子网掩码的概念

子网掩码是一个 32 位地址，用于屏蔽 IP 地址的一部分以区别网络标志和主机标志，并说明该 IP 地址是在局域网上，还是在远程网上。

3．子网掩码的构成

子网掩码和 IP 地址一样，也是由 32 位二进制数构成，同时用符号点（.）分为 4 段；在二进制形式中，把对应于 IP 地址中网络号的部分全部用 1 表示，对应于 IP 地址中主机号的部分全部用 0 表示，这样就构成了一个与 IP 地址对应的子网掩码。

【实践向导】

一、IP 地址和子网掩码的修改

在 Windows 操作系统中，在 TCP/IP 协议的属性窗口中可以修改 IP 地址和子网掩码。如图 4-5 所示。在操作系统桌面上右键点击"网上邻居"图标选择属性，右键点击连接选择属性，再选择 TCP/IP 协议的属性，即可打开下面窗口进行 IP 地址和子网掩码的修改。

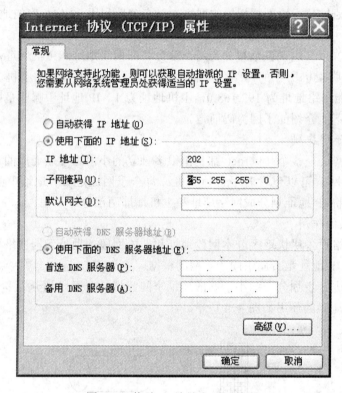

图 4-5　修改 IP 地址和子网掩码

二、划分子网的方法

如果两台计算机在一个子网中，那么两台计算机 IP 地址中的网络地址必须是相同的。因此，将两台计算机划分到同一子网中，要做的就是将两台计算机的网络地址修改为相同。根据 IP 地址的组成和子网掩码的定义，在局域网中划分子网的方法主要就是修改 IP 地址或子网掩码。

例如：使 IP 地址为 192.168.0.1、子网掩码为 255.255.255.0 的计算机和 IP 地址为 192.168.0.2、子网掩码为 255.255.0.0 的计算机存在于一个子网中，可以采用的方法就是将第一台计算机的子网掩码修改为 255.255.0.0 或者将第二台计算机的子网掩码修改为 255.255.255.0。

【知识拓展】

一、IP 地址中最大的数

IP 地址每组数都是 8 位二进制数，只是因为习惯通常才将其写为十进制数，因此每组数最大值的二进制表示形式为 11111111，将其换算为十进制为 255。如果手动设置 IP 地址时输入大于 255 的数，会弹出图 4-6 所示的窗口。

图 4-6　错误窗口

二、IPv6

IPv6 是 Internet Protocol Version 6 的缩写，其中 Internet Protocol 译为"互联网协议"。目前我们使用的第二代互联网 IPv4 技术，核心技术属于美国。它的最大问题是网络地址资源有限，从理论上讲，编址 1600 万个网络、40 亿台主机。但采用 A、B、C 三类编址方式后，可用的网络地址和主机地址的数目大打折扣，以致目前的 IP 地址近乎枯竭。其中北美占有 3/4，约 30 亿个，而人口最多的亚洲只有不到 4 亿个，中国只有 3 千多万个，只相当于美国麻省理工学院的数量。地址不足，严重地制约了我国及其他国家互联网的应用和发展。

【小试牛刀】

将机房中存在于一个子网中的 36 台计算机划分成 6 个子网，每组 6 台计算机。

任务 2　命令行的使用

【任务描述】

很多关于网络的配置和测试工作都需要在命令行中进行，本任务要求掌握与局域网调试相关的几个常用命令。

【知识预读】

一、什么是命令行

命令行就是 Windows 操作系统中的命令行提示符，又称 MS-DOS 方式，如图 4-7 所示。

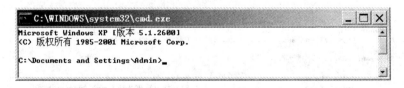

图 4-7　命令行提示符

通过点击"开始"→"运行"，输入"cmd"命令可以进入命令行，如图 4-8 所示；通过"开始→运行→附件→命令行提示符"也可以进入。

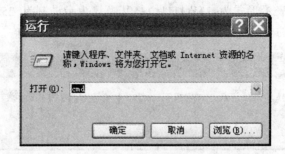

图 4-8　进入命令行

在命令行中只能通过键盘输入带有固定格式的命令才能完成一定的功能，对于网络使用者来说，命令行具有十分重要的意义，网络配置中的很多问题都需要在命令行中进行。

二、命令行中的常用命令

（1）ipconfig 查看 IP 地址、子网掩码和网关。如果 Windows 中的 IP 地址设置为自动获取，并不代表该计算机没有 IP 地址，通过 ipconfig 命令就可以查看到该计算机获取到的 IP 地址。

（2）ipconfig/all 查看所有的网络配置信息，如图 4-9 所示，其中包括计算机名、IP 地址和子网掩码、以后要接触的网关、DNS，还有 MAC 地址（即网卡地址）。

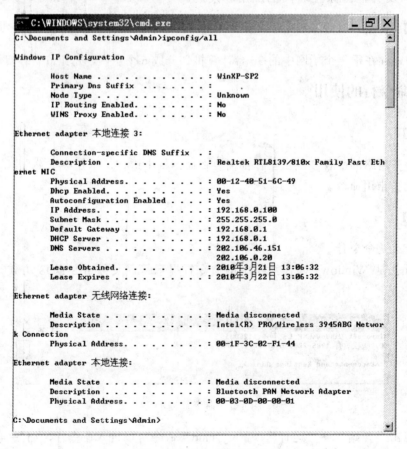

图 4-9　ipconfig/all 命令

（3）ping 检测网络是否畅通，具体格式为：ping IP 地址或计算机名，如图 4-10 所示。

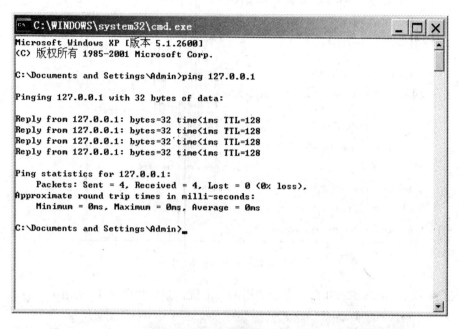

图 4-10　ping 命令

【实践向导】

步骤 1：通过 ping 命令查看百度网站的 IP 地址，如图 4-11 所示。

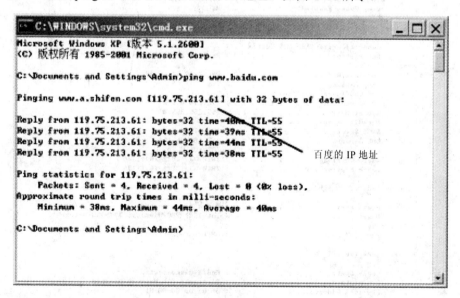

图 4-11　ping 应用

步骤 2：通过 ipconfig 命令查看 IP 地址，如图 4-12 所示。

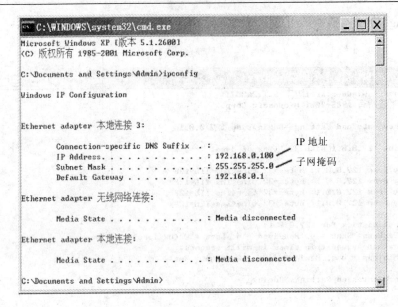

图 4-12　ipconfig 应用

步骤 3：通过 ipconfig/all 命令查看所用网络配置信息，如图 4-13 所示。

图 4-13　ipconfig/all 应用

　　步骤 4：利用 ping 命令检测与其他计算机是否网络通畅。通常显示 reply from...字样表示畅通，如图 4-14 所示；不通畅显示 request timed out 字样，如图 4-15 所示。

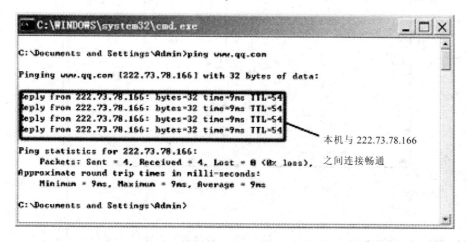

图 4-14　网络通畅

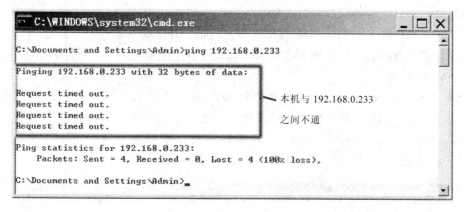

图 4-15　网络不通畅

【知识拓展】

　　一、二进制数

　　现代的电子计算机技术全部采用二进制，因为它只使用 0、1 两个数字符号，非常简单方便，易于用电子方式实现。计算机内部处理的信息，都是采用二进制数来表示的。二进制（binary）数用 0 和 1 两个数字及其组合来表示任何数。进位规则是"逢 2 进 1"，数字 1 在不同的位上代表不同的值，按从右至左的次序，这个值以二倍递增。除了数值外，英文字母、符号、汉字、声音、图像等数据在计算机内部也采用二进制数的形式来编码。打开"开始→程序→附件→计算器"，点击"查看"菜单，选择科学型计算器，点击二进制单选按钮可以清楚地理解二进制数，如图 4-16 所示，输入一个二进制数，再点击十进制选项卡即可完成二进制与十进制的转换。

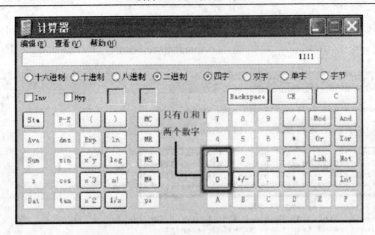

图 4-16   二进制转换

二、DOS

DOS 是英文 disk operating system 的缩写，意思是"磁盘操作系统"。DOS 是个人计算机上的一类操作系统。1981～1995 年的 15 年间，DOS 在 IBM PC 兼容机市场中占有举足轻重的地位。而且，若是把部分以 DOS 为基础的 Microsoft Windows 版本，如 Windows 95、Windows 98 和 Windows Me 等都算进去的话，那么其商业寿命至少可以算到 2000 年。命令行就是传统的 MS-DOS 操作系统，在命令行中可以执行几乎所有的 DOS 命令。

三、MAC 地址

MAC（media access control，介质访问控制）地址就是网卡地址，是厂家烧录在网卡芯片上的地址，为 12 位 16 进制数，通过命令行中的 ipconfig/all 可以查看到，如图 4-17 所示。MAC 地址与 IP 地址不同，它固定于网卡中不能修改，同时独一无二，在世界上找不到两块 MAC 地址相同的网卡。

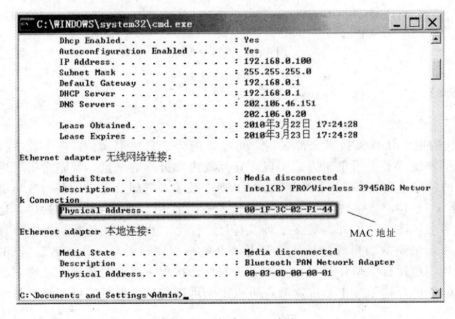

图 4-17   查看 MAC 地址

【小试牛刀】

利用命令行中的命令测试两台计算机之间是否网络畅通。

模块 2　管理路由器

本模块主要介绍管理路由器的方法，涉及以下两个任务：

（1）认识路由器；

（2）配置路由器。

任务 1　认识路由器

【任务描述】

登录国内著名的 IT 网站，搜索路由器的相关资料及图片，了解路由器的性能、参数，路由器的工作原理及功能。

【知识预读】

一、什么是路由器

路由器是互联网的主要节点设备。路由器通过路由决定数据的转发。转发策略称为路由选择（routing），这也是路由器名称的由来（router，转发者）。作为不同网络之间互相连接的枢纽，路由器系统构成了基于 TCP/IP 的国际互联网络 Internet 的主体脉络，也可以说，路由器构成了 Internet 的骨架。它的处理速度是网络通信的主要瓶颈之一，它的可靠性则直接影响着网络互联的质量。因此，在园区网、地区网乃至整个 Internet 研究领域中，路由器技术始终处于核心地位，其发展历程和方向，成为整个 Internet 研究的一个缩影。在当前我国网络基础建设和信息建设方兴未艾之际，探讨路由器在互联网络中的作用、地位及其发展方向，对于国内的网络技术研究、网络建设，以及明确网络市场上对于路由器和网络互联的各种似是而非的概念，都有重要的意义。

二、路由器的工作原理

路由器（router）用于连接多个逻辑上分开的网络，逻辑网络代表一个单独的网络或者一个子网。当数据从一个子网传输到另一个子网时，可通过路由器来完成。因此，路由器具有判断网络地址和选择路径的功能，它能在多网络互联环境中，建立灵活的连接，可用完全不同的数据分组和介质访问方法连接各种子网，路由器只接收源站或其他路由器的信息，属网络层的一种互联设备。它不关心各子网使用的硬件设备，但要求运行与网络层协议相一致的软件。路由器分本地路由器和远程路由器，本地路由器是用来连接网络传输介质的，如光纤、同轴电缆、双绞线；远程路由器是用来连接远程传输介质的，并要求相应的设备，如电话线要配调制解调器，无线要通过无线接收机、发射机。

路由器工作原理（图 4-18）如下：

（1）工作站 A 将工作站 B 的地址 12.0.0.5 连同数据信息以数据帧的形式发送给路由器 1。

（2）路由器 1 收到工作站 A 的数据帧后，先从报头中取出地址 12.0.0.5，并根据路径表计算出发往工作站 B 的最佳路径：R1→R2→R5→B；并将数据帧发往路由器 2。

（3）路由器 2 重复路由器 1 的工作，并将数据帧转发给路由器 5。

（4）路由器 5 同样取出目的地址，发现 12.0.0.5 就在该路由器所连接的网段上，于是将该数据帧直接交给工作站 B。

（5）工作站 B 收到工作站 A 的数据帧，一次通信过程宣告结束。

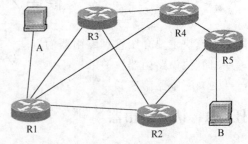

图 4-18　路由器工作原理

事实上，路由器除了上述的路由选择这一主要功能外，还具有网络流量控制功能。有的路由器仅支持单一协议，但大部分路由器可以支持多种协议的传输，即多协议路由器。由于每一种协议都有自己的规则，要在一个路由器中完成多种协议的算法，势必会降低路由器的性能。因此，我们认为，支持多协议的路由器性能相对较低。用户购买路由器时，需要根据自己的实际情况，选择自己需要的网络协议的路由器。

近年来出现了交换路由器产品，从本质上来说它不是什么新技术，而是为了提高通信能力，把交换机的原理组合到路由器中，使数据传输能力更快、更好。

【实践向导】

通过观察路由器的外形、性能指标能够区分不同类型的路由器及作用。如果有网络实验室可以直接参观，或者直接浏览相关网站。

步骤 1：打开 Internet Explorer，在地址栏输入 http://www.zol.com.cn/，打开中关村在线网站，如图 4-19 所示。

图 4-19　中关村在线

步骤 2：点击左栏导航条"产品大全"，然后点击网络设备中的"路由器"，进入路由器主窗口，在这里会找到大部分路由器的资源，如图 4-20 所示。

图 4-20　路由器页面

步骤 3：观察路由器的外形，如表 4-1 所示。

表 4-1　各类路由器

类　　型	举　　例
接入级路由器	TP-LINK TL-R410+
企业级路由器	CISCO 2811

步骤 4：按不同品牌、性能查找两台路由器，并进行比较，如表 4-2 所示。

表 4-2　路由器性能比较

品　　牌	CISCO	TP-LINK
型　　号	CISCO 2811	TP-LINK TL-R410+
路由器类型	多业务路由器	SOHO 宽带路由器

传输速率	10Mbit/s/100Mbit/s	10Mbit/s/100Mbit/s
固定的广域网接口	可选	1 个
固定的局域网接口	2 个	4 个
接口介质	10Base-T:3 类或 3 类以上； UTP、100Base-TX:5 类 UTP	10/100 Base-T/ 100FX/SX
包转发率	10 Mbit/s:14,880 p/s； 100 Mbit/s: 148,810 p/s； 1000 Mbit/s:1,488,100p/s	
扩展模块	6	
内　存	256MB	

【知识拓展】

一、包转发率

路由器的包转发率，也称端口吞吐量，是指路由器在某端口进行的数据包转发能力，单位通常使用 p/s（包每秒）来衡量。一般来讲，低端的路由器包转发率只有几 kp/s 到几十 kp/s，而高端路由器则能达到几十 Mp/s（百万包每秒）甚至上百 Mp/s。如果小型办公使用，则选购转发速率较低的低端路由器即可，如果是大中型企业部门应用，就要严格规定这个指标，建议性能越高越好。

二、路由器内存

路由器中可能有多种内存，例如 Flash（闪存）、DRAM（动态内存）等。内存用作存储配置、路由器操作系统、路由协议软件等内容。在中低端路由器中，路由表可能存储在内存中。通常来说路由器内存越大越好（不考虑价格）。但是与 CPU 能力类似，内存同样不直接反映路由器性能与能力。因为高效的算法与优秀的软件可能大大节约内存。

路由器采用了以下几种不同类型的内存，每种内存以不同方式协助路由器工作。

1. 只读内存（ROM）

只读内存（ROM）在 CISCO 路由器中的功能与计算机中的 ROM 相似，主要用于系统初始化等功能。ROM 中主要包含：

（1）系统加电自检代码（POST），用于检测路由器中各硬件部分是否完好；

（2）系统引导区代码（BootStrap），用于启动路由器并载入 IOS 操作系统；

（3）备份的 IOS 操作系统，以便在原有 IOS 操作系统被删除或破坏时使用。通常，这个 IOS 比现运行 IOS 的版本低一些，但却足以使路由器启动和工作。

顾名思义，ROM 是只读存储器，不能修改其中存放的代码。如要进行升级，则要替换 ROM 芯片。

2. 闪存（flash）

闪存（flash）是可读可写的存储器，在系统重新启动或关机之后仍能保存数据。flash 中存放着当前使用中的 IOS。事实上，如果 flash 容量足够大，甚至可以存放多个操作系统，这在进行 IOS 升级时十分有用。当不知道新版 IOS 是否稳定时，可在升级后仍保留旧版 IOS，当出现问题时可迅速退回到旧版操作系统，从而避免长时间的网路故障。

3. 非易失性 RAM（NVRAM）

非易失性 RAM（Nonvolatile RAM）是可读可写的存储器，在系统重新启动或关机之后仍能保存数据。由于 NVRAM 仅用于保存启动配置文件（startup-config），故其容量较小，通常在路由器上只配置 32～128KB 大小的 NVRAM。同时，NVRAM 的速度较快，成本也比较高。

4. 随机存储器（RAM）

RAM 也是可读可写的存储器，但它存储的内容在系统重启或关机后将被清除。和计算机中的 RAM 一样，CISCO 路由器中的 RAM 也是运行期间暂时存放操作系统和数据的存储器，让路由器能迅速访问这些信息。RAM 的存取速度优于前面所提到的 3 种内存的存取速度。

运行期间，RAM 中包含路由表项目、ARP 缓冲项目、日志项目和队列中排队等待发送的分组。除此之外，RAM 中还包括运行配置文件（running-config）、正在执行的代码、IOS 操作系统程序和一些临时数据信息。

路由器的类型不同，IOS 代码的读取方式也不同。如 CISCO 2500 系列路由器只在需要时才从 flash 中读入部分 IOS；而 CISCO 4000 系列路由器整个 IOS 必须先全部装入 RAM 才能运行。因此，前者称为 flash 运行设备（run from flash），后者称为 RAM 运行设备（run from RAM）。

三、路由表

路由器的主要工作就是为经过路由器的每个数据帧寻找一条最佳传输路径，并将该数据有效地传送到目的站点。由此可见，选择最佳路径的策略即路由算法是路由器的关键所在。为了完成这项工作，在路由器中保存着各种传输路径的相关数据——路由表（routing table），供路由选择时使用。打个比方，路由表就像我们平时使用的地图一样，标示着各种路线，路由表中保存着子网的标志信息、网上路由器的个数和下一个路由器的名字等内容。路由表可以由系统管理员固定设置好，也可以由系统动态修改，可以由路由器自动调整，也可以由主机控制。

1. 静态路由表

由系统管理员事先设置好的固定的路由表称为静态（static）路由表，一般是在系统安装时就根据网络的配置情况预先设定的，它不会随未来网络结构的改变而改变。

2. 动态路由表

动态（dynamic）路由表是路由器根据网络系统的运行情况而自动调整的路由表。路由器根据路由选择协议（routing protocol）提供的功能，自动学习和记忆网络运行情况，在需要时自动计算数据传输的最佳路径。

路由器通常依靠所建立及维护的路由表来决定如何转发。路由表能力是指路由表内所容纳路由表项数量的极限。由于 Internet 上执行 BGP 协议的路由器通常拥有数十万条路由表项，所以该项目也是路由器能力的重要体现。

四、路由协议

路由协议作为 TCP/IP 协议族中重要成员之一，其选路过程实现的好坏会影响整个 Internet 网络的效率。按应用范围的不同，路由协议可分为两类：在一个 AS（autonomous system，自治系统，指一个互联网络，就是把整个 Internet 划分为许多较小的网络单位，这些小的网络有权自主地决定在本系统中应采用何种路由选择协议）内的路由协议称为内部网关协议（interior gateway protocol），AS 之间的路由协议称为外部网关协议（exterior gateway protocol）。这里的网关是路由器的旧称。现在正在使用的内部网关路由协议有以下几种：RIP-1、RIP-2、IGRP、EIGRP、IS-IS 和 OSPF。其中，前 4 种路由协议采用的是距离向量算法，IS-IS 和 OSPF 采用的是链路状态算法。对于小型网络，采用基于距离向量算法的路由协议易于配置和管理，且应用较为广泛，但在面对大型网络时，不但其固有的环路问题变得更难解决，所占用的带宽也迅速增长，以至于网络无法承受。因此对于大型网络，采用链路状态算法的 IS-IS 和 OSPF 较为有效，并且得到了广泛的应用。IS-IS 与 OSPF 在质量和性能上的差别并不大，但 OSPF 更适用于 IP，较 IS-IS 更具有活力。IETF 始终在致力于 OSPF 的改进工作，其修改节奏要比 IS-IS 快得多。这使得 OSPF 正在成为应用广泛的一种路由协议。现在，不论是传统的路由器设计，还是即将成为标准的 MPLS（多协议标记交换），均将 OSPF 视为必不可少的路由协议。

外部网关协议最初采用的是 EGP。EGP 是为一个简单的树形拓扑结构设计的，越来越多的用户和网络加入 Internet，给 EGP 带来了很多的局限性。为了摆脱 EGP 的局限性，IETF 边界网关协议工作组制定了标准的边界网关协议——BGP。

【小试牛刀】

登录国内著名的 IT 网站 www.pconline.com.cn，搜索相关的网络设备，了解路由器的性能指标。

任务 2　配置路由器

【任务描述】

通过路由器 console 口，使用超级终端软件，进入路由器的配置界面，配置路由器的主机名，设置路由器的登录密码，配置接口 IP 地址，查看已经修改的配置信息，并保存配置信息。

【知识预读】

一、什么是 IOS

IOS（CISCO internetwork operating system）就是为 CISCO 设备配备的系统软件。它是 CISCO 的一项核心技术，应用于路由器、局域网交换机、小型无线接入点、具有几十个接口的大型路由器以及许多其他设备。

CISCO IOS 可为设备提供下列网络服务：

（1）基本的路由和交换功能；

（2）安全可靠地访问网络资源；

（3）网络可伸缩性。

二、配置文件

配置文件包含 CISCO IOS 软件命令，这些命令用于自定义 CISCO 设备的功能，如图 4-21 所示。每台 CISCO 网络设备包含两个配置文件：

（1）运行配置文件——用于设备的当前工作过程中。

（2）启动配置文件——用作备份配置，在设备启动时加载。

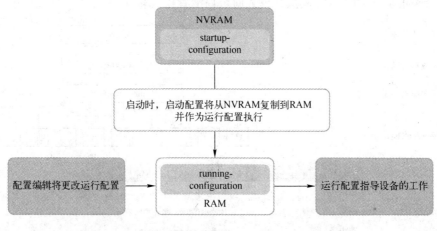

图 4-21　配置文件

三、CISCO IOS 模式

CISCO IOS 有 4 种命令模式，分别是：用户执行模式、特权执行模式、全局配置模式和其他特定配置模式，如图 4-22 所示。

图 4-22　IOS 主要模式

用户执行级提示符由主机名后跟符号"＞"组成。例如：Switch＞，其中 Switch 是主机名，"＞"是提示符标志。

特权执行模式以采用"#"符号结尾的提示符为标志。

从全局配置模式可进入多种不同的配置模式，如图 4-23 所示。其中，每种模式可以用于配置 IOS 设备的特定部分或特定功能。下面列出了这些模式中的一小部分：

接口模式——用于配置一个网络接口（fa0/0、S0/0/0 等）；

线路模式——用于配置一条线路（实际线路或虚拟线路）（例如控制台、AUX 或 VTY 等等）；

路由器模式——用于配置一个路由协议的参数。

enable 和 disable 命令用于使 CLI 在用户执行模式和特权执行模式间转换。configure

terminal 命令用于使 CLI 从特权执行模式向全局配置模式转换。

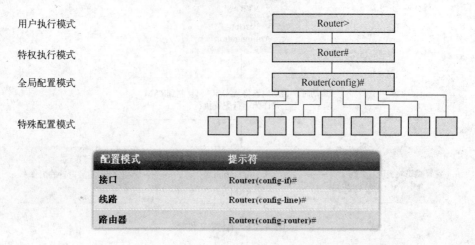

图 4-23　配置模式

要退出具体的配置模式并返回全局配置模式，请在提示符后输入 exit。要完全离开配置模式并返回到特权执行模式，请输入 end 或使用按键序列 Ctrl+Z。

【实践向导】

步骤 1：使用 RJ-45 to DB-9 的适配器连接计算机和路由器，如图 4-24 所示。

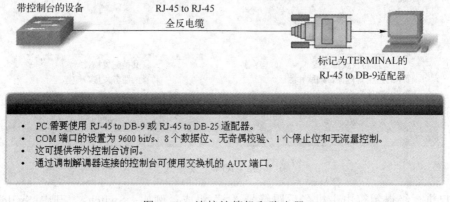

图 4-24　连接计算机和路由器

打开计算机自带的超级终端软件，设置 COM 端口的比特率为 9600，8 个数据位、无奇偶校验、1 个停止位和无流量控制，也可直接点击"还原默认值"按钮，如图 4-25 所示。

按"确认"按钮即可进入路由器的配置界面，如图 4-26 所示。

步骤 2：在全局模式下配置主机名。

Router>

Router>enable

Router#conf t

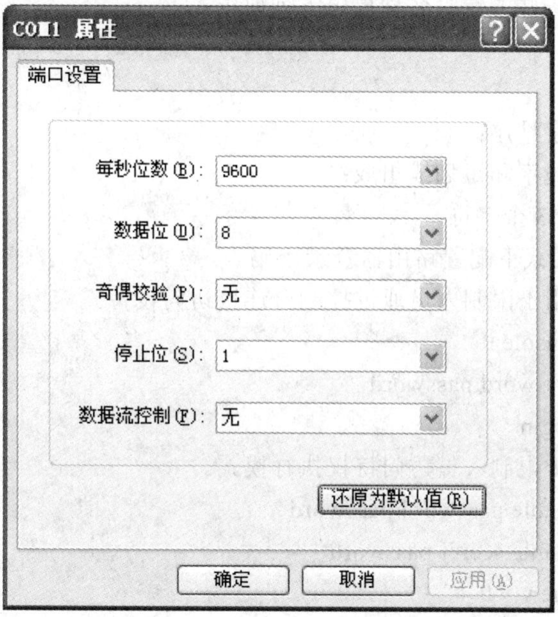

图 4-25 COM 端口设置

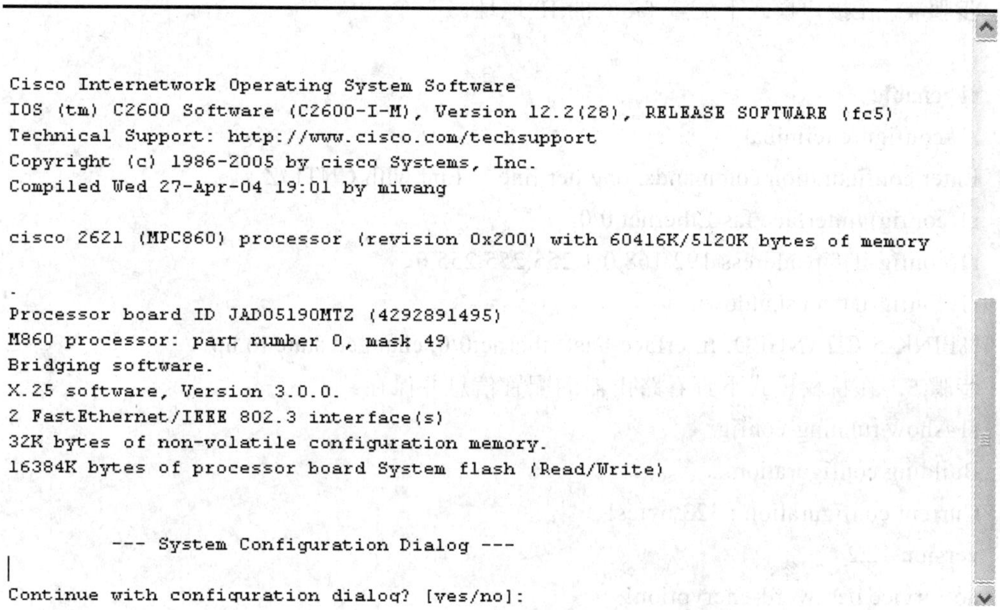

```
Cisco Internetwork Operating System Software
IOS (tm) C2600 Software (C2600-I-M), Version 12.2(28), RELEASE SOFTWARE (fc5)
Technical Support: http://www.cisco.com/techsupport
Copyright (c) 1986-2005 by cisco Systems, Inc.
Compiled Wed 27-Apr-04 19:01 by miwang

cisco 2621 (MPC860) processor (revision 0x200) with 60416K/5120K bytes of memory
.
Processor board ID JAD05190MTZ (4292891495)
M860 processor: part number 0, mask 49
Bridging software.
X.25 software, Version 3.0.0.
2 FastEthernet/IEEE 802.3 interface(s)
32K bytes of non-volatile configuration memory.
16384K bytes of processor board System flash (Read/Write)


        --- System Configuration Dialog ---

Continue with configuration dialog? [yes/no]:
```

图 4-26 路由器配置界面

Enter configuration commands, one per line.   End with CNTL/Z.
Router(config)#hostname r1
r1(config)#

CLI 提示符中会使用主机名。如果未明确配置主机名,将会在网络配置和维护时造成很大的混乱。

有关命名约定的一些方针对名称提出下列要求：

（1）以字母开头；

（2）不包含空格；

（3）以字母或数字结尾；

（4）仅由字母、数字和短划线组成；

（5）长度不超过 63 个字符。

步骤 3：在线路模式下配置路由器登录密码。

控制台口令——用于限制人员通过控制台连接访问设备。

r1(config)#line console 0

r1(config-line)#password password

r1 (config-line)#login

使能口令——用于限制人员访问特权执行模式。

Router(config)#enable password password

Router(config)#enable secret password

Router(config)#line vty 0 4

Router(config-line)#password password

Router(config-line)#login

步骤 4：在接口模式下配置 fa0/0 的 IP 地址。

r1>

r1>enable

r1#configure terminal

Enter configuration commands, one per line.   End with CNTL/Z.

r1(config)#interface fastEthernet 0/0

r1(config-if)#ip address 192.168.0.1 255.255.255.0

r1(config-if)#no shutdown

%LINK-5-CHANGED: Interface FastEthernet0/0, changed state to up

步骤 5：在特权模式下查看路由器的配置信息并保存。

r1#show running-config

Building configuration...

Current configuration : 323 bytes!

version 12.2

no service password-encryption!

hostname r1

enable password cisco

interface FastEthernet0/0

ip address 192.168.0.1 255.255.255.0

duplex auto

speed auto

ip classless

```
line con 0
password cisco
login
line vty 0 4
password cisco
login
end
r1#copy running-config startup-config
Destination filename [startup-config]?
Building configuration...
[OK]
```

【知识拓展】

一、ping 命令

使用 ping 命令是测试连通性的有效方法。

从 IOS 发出的一个 ping 命令将为发送的每个 ICMP 回应生成一个指示符。最常见的指示符有：

!——收到一个 ICMP 应答；

.——等待答复时超时；

U——收到了一个 ICMP 无法到达报文。

测试序列的第一步是使用 ping 命令来验证本地主机的内部 IP 配置：

C:\>ping 127.0.0.1

（这将验证从网络层到物理层再返回网络层的协议栈是否工作正常，而不会向网络介质发送任何信号。）

测试序列中的下一步是验证网卡地址是否已与 IPv4 地址绑定以及网卡是否已准备好通过介质传输信号。

C:\>ping 10.0.0.5　（自己的 IP 地址）

二、Trace 追踪

追踪可用于返回数据包在网络中传输时沿途经过的跳的列表。该命令的形式取决于发出命令的位置。

若从路由器 CLI 中执行追踪，请使用 traceroute。

测试序列——综合：

测试 1：本地环回——成功

测试 2：本地网卡——成功

测试 3：ping 本地网关——成功

测试 4：ping 远程主机——失败

测试 5：追踪远程主机——在第一跳处失败

测试 6：检查主机上的本地网关配置是否正确——不正确（使用 ipconfig/all 的命令）

模块 3　网络服务与应用

目前，越来越多的企业、单位开始使用 Internet，并利用 Internet 技术构建起自己的 Intranet（局域网）。构建局域网除了网络硬件平台建设，还要提供丰富的网络服务，否则网络的使用效率会大打折扣，目前流行的网络服务包括 Web 服务、FTP 服务等。

任务 1　域名（DNS）服务

【任务描述】

由于 IP 地址不便于记忆，因此通过 IP 地址查找和访问网络中的计算机非常不方便，通常是以更有意义的域名来访问。显然网络上有一种将域名转换为 IP 地址的机制，这就是 DNS 服务器。DNS 域名服务能够为客户端提供域名解析服务，本次任务我们学习如何安装和配置 DNS 服务器。

【知识预读】

一、什么是 DNS 服务

网络上的任何一台计算机都必须有一个 IP 地址。不同的是，服务器的 IP 地址必须是固定的，而大多数客户机的 IP 地址是动态分配的。如果知道这些服务器的 IP 地址，用户就可以使用这些服务器提供的服务。但是，这种通过服务器的 IP 地址访问服务器的方法（如 http://192.168.1.17/、ftp://192.168.16.50/等）既枯燥又很难将这些服务器与其提供什么样的服务联系起来。用户很熟悉的一些访问网络服务器的方式，如访问新浪网 http://www.sina.com/、中国政府网 http://www.gov.cn/等，就是用一个容易记忆的域名来代替枯燥数字表示的网络服务器 IP 地址。

很显然，必须有一种计算机来完成计算机域名到 IP 地址的转换工作，称为域名解析，而完成这种功能的计算机就称为 DNS（domain name service，域名服务）服务器。DNS 域名系统采用的是客户机/服务器机制。在服务器端建立 DNS 数据库，记录主机名称与 IP 地址的对应关系，为客户机提供域名解析服务。

二、DNS 服务使用的域名空间

在 DNS 中，域名空间结构采用分层结构，包括根域、顶级域、二级域和主机名称。域名空间的层次结构类似一个倒置的树状，在域名层次结构中，每一层称作一个域，每个域用一个点号"."分开。

1. 根域

根（root）域就是"."，它由 Internet 名字注册授权机构管理，该机构把域名空间各部分的管理责任分配连接到 Internet 的各个组织。

2. 顶级域

DNS 根域的下一级就是顶级域，由 Internet 名字授权机构管理。顶级域共有 3 种类型。

（1）组织域，采用 3 个字符的代号，表示 DNS 域中包含的组织的主要功能与活动，如表 4-3 所示。

表 4-3 组织域

顶 级 域	说 明
gov	政府部门
com	商业部门
edu	教育部门
org	民间团体组织
net	网络服务机构
mil	军事部门

（2）国家或地区域，采用两个字符的国家或地区代号，如表 4-4 所示。

表 4-4 国家或地区域

顶 级 域	国别/地区
cn	中 国
jp	日 本
uk	英 国
au	澳大利亚
hk	中国香港

（3）反向域，这是一个特殊域，名称为 in-addr.arpa，用于将 IP 地址映射到主机名称。

3. 二级域

二级域注册到个人、组织或公司的名称。这些名称基于相应的顶级域，二级域下可以包括子域，子域下面可以继续划分子域，或者挂接主机。

4. 主机名

主机名在域名空间结构的最底层，主机名和前面讲的域名结合构成 FQDN（完全合格的域名），主机名是 FQDN 的最左端。常见的 www 代表的是一个 Web 服务器，ftp 代表的是 FTP 服务器，smtp 代表的是电子邮件发送服务器，pop 代表的是电子邮件接收服务器。

通过这样层次式结构的划分，Internet 上的服务器的含义就非常清楚了。例如 www.pku.edu.cn 代表的就是中国的一个叫 pku（北京大学的缩写）教育机构的 WWW 服务器。

【实践向导】

一、架设 DNS 服务器

1. 安装 DNS 服务器

步骤 1：在默认情况下安装好 Windows 2000 之后，DNS 服务并没有被添加进去。用户可以打开"开始→设置→控制面板→添加/删除程序→添加/删除 Windows 组件"，在组件列表中双击"网络服务"，选中"域名系统（DNS）"选项，单击"确定"按钮，如图 4-27 所示。

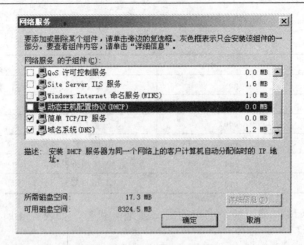

图 4-27　"网络服务"对话框

步骤 2：返回"Windows 组件向导"对话框，单击"下一步"按钮，系统将开始添加 Windows 组件。在安装过程中，系统会提示插入 Windows 2000 Server 操作系统的安装光盘，此安装过程需要几分钟的时间。

步骤 3：安装结束后，在"控制面板"的"管理工具"文件夹内会看到"DNS"图标，在"开始"菜单的"程序→管理工具"选项中也会看到"DNS"选项。

2. 创建 DNS 服务器的正向搜索区域

在运行 Windows 2000 Server 的计算机上安装 DNS 服务之后，还必须在 DNS 服务器上创建区域并在区域中添加有关资源记录，才能为 DNS 客户端提供域名解析服务。DNS 正向搜索区域完成域名→IP 地址的解析，一般的小型 DNS 域名系统创建正向搜索区域就够了。

步骤 1：设置新建区域向导。

（1）单击"开始→程序→管理工具→DNS"。

（2）在 DNS 控制台目录树中，用鼠标右键单击"正向搜索区域"，从弹出菜单中选择"新建区域"命令，系统会弹出"新建区域向导"对话框，如图 4-28 所示。单击"下一步"按钮可开始架设 DNS 服务器的操作。

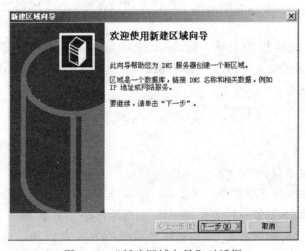

图 4-28　"新建区域向导"对话框

　　步骤 2：设置新建区域类型。

　　如果网络中没有域控制器，或者不希望将 DNS 服务器的信息集成在活动目录中，在"新建区域向导"对话框中选择"标准主要区域"选项后，单击"下一步"按钮，如图 4-29 所示。标准主要区域存储的是区域数据库信息，标准辅助区域是标准主要区域的只读副本，它提供对区域数据的冗余备份。

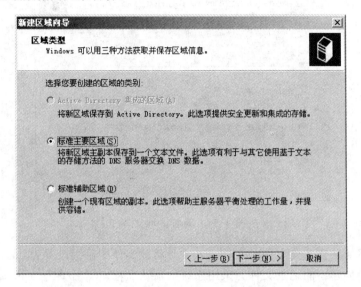

图 4-29　设置区域类型

　　步骤 3：设置新建区域名称。

　　在"新建区域向导"对话框中，需要设置新建区域的名称，如图 4-30 所示。

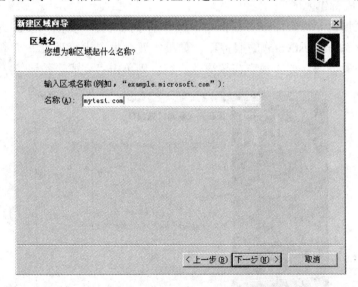

图 4-30　设置区域名

　　在此，可以使用域名 mytest.com 作为新建区域的名称，然后单击"下一步"按钮。当然也可以逐层创建 DNS 信息，如先创建 com 域，再新建域 mytest。

步骤 4：设置新建区域的保存文件。

在系统的"新建区域向导"对话框中，还需要创建用于储存 DNS 服务器信息的文件，如图 4-31 所示。

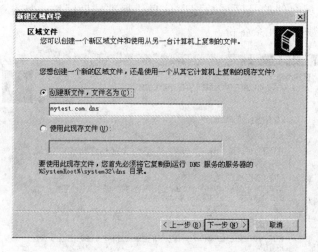

图 4-31 设置区域文件

系统默认将域名作为此文件的文件名，并且将此文件的后缀设置为 dns。

在此，选择创建新的记录文件并采用系统的默认名称，然后单击"下一步"按钮。

注意：如果是在 Intranet 上建立 DNS 服务器，区域名称是任意起的。如果是在 Internet 上开展服务，则必须向 InterNIC（国际互联网络信息中心）的分支机构申请合法的 DNS 服务器区域名称。

步骤 5：完成新建区域。

在"新建区域向导"的完成对话框中，检查刚才的设置，如图 4-32 所示。此时，系统将创建一个名为 mytest.com 的服务器。如果需要对设置进行更改，可单击"上一步"按钮回到相关设置界面，如果没有需要更改内容，则单击"完成"按钮。

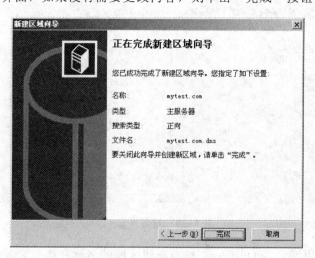

图 4-32 完成新建区域

步骤 6：新建主机记录。

建立好 mytest.com 域之后，还必须向该区域中添加主机记录，通过添加主机记录可以将主机名和 IP 地址的映射关系保存在区域文件中。

（1）右键单击已经创建好的 mytest.com 域，在弹出的快捷菜单中选择"新建主机"命令，打开"新建主机"对话框，从中可添加 IP 地址和域名的解析记录，如图 4-33 所示。

新建主机的名称设置为 www，由于处于 mytest.com 域内，因此主机完整的域名是 www.mytest.com，IP 地址处输入该主机对应的 IP 地址 192.168.1.57（DNS 服务器的 IP），单击"添加主机"按钮。

（2）成功创建主机后出现如图 4-34 所示的界面，单击"确定"按钮完成操作。

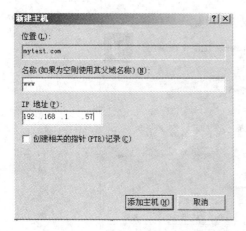

图 4-33　"新建主机"对话框　　　　　　图 4-34　主机记录创建成功提示框

步骤 7：查看 DNS 信息。

返回"DNS"对话框，可以看到，在 mytest.com 域内已经多了一条名为 www 的主机记录，它所对应的 IP 地址为 192.168.1.57，如图 4-35 所示。

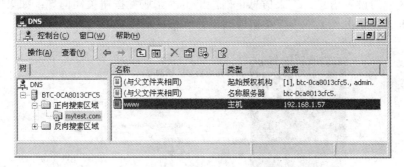

图 4-35　查看 DNS 信息

此时，客户端就可以通过域名的方式（http://www.mytest.com）访问 IP 地址为 192.168.1.57 的 Web 服务器了。

3. 创建 DNS 服务器的反向搜索区域

如果需要 DNS 服务器为网络中的计算机提供反向搜索服务（将 IP 地址映射为相应的域名），则需要创建相应的反向搜索区域。

步骤 1： 设置新建区域类型。

在图 4-35 所示的"DNS"对话框中，右键单击"反向搜索区域"选项，在弹出的快捷菜单中选择"新建区域"命令，打开"新建区域向导"对话框，和创建正向搜索区域类似，选择标准主要区域，单击"下一步"按钮。

步骤 2： 设置新建区域的 ID。

在创建 DNS 服务器反向搜索区域的过程中，需要设置新建区域的网络 ID，如图 4-36 所示。通过网络 ID，系统会自动生成反向查找区域，即创建 IP 地址到域名的数据库。例如，在"网络 ID"文本框中输入 192.168.1，系统会自动生成名为 1.168.192.in-addr.arpa 的反向搜索区域，单击"下一步"按钮。

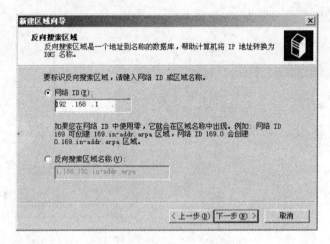

图 4-36 设置新建区域的 ID

步骤 3： 完成新建区域。

在"新建区域向导"的完成对话框中，检查刚才的设置，如图 4-37 所示。该对话框显示出新区域的设置信息，如果信息正确，单击"完成"按钮关闭向导；如果发现某些设置有误，可多次单击"上一步"按钮返回设置屏幕重新设置。

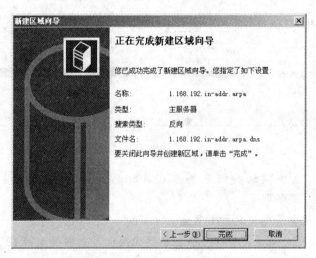

图 4-37 检查新建区域的设置

步骤 4：新建指针记录。

反向搜索区域创建完成之后，需要在反向搜索区域中为计算机的 IP 地址创建相应的指针记录（将 IP 地址指向域名）。右键单击名为 192.168.1.x Subnet 的反向搜索区域，在弹出的菜单中选择"新建指针"命令。打开"新建资源记录"对话框，从中设置计算机 IP 地址到域名的指针记录，如图 4-38 所示。可以设置主机 IP 号为 192.168.1.57，主机名为：www.mytest.com，单击"确定"按钮。

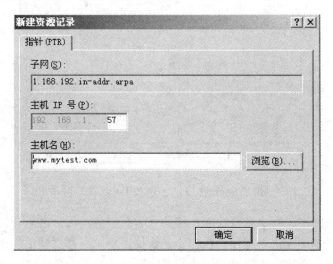

图 4-38　新建资源记录

步骤 5：查看指针记录。

在"DNS"对话框中可以看到，反向搜索区域中已经创建了 IP 地址 192.168.1.57 到域名 www.mytest.com 的指针记录，如图 4-39 所示。

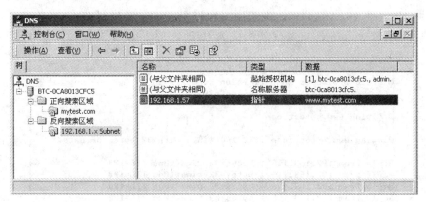

图 4-39　查看指针记录

二、设置客户端

步骤 1：设置客户端的"TCP/IP"属性。

（1）设置 DNS 服务器的 IP 地址。在客户端的"TCP/IP 属性"对话框中，需要为客户端指定 DNS 服务器。在"TCP/IP 属性"对话框中，客户机的 IP 地址为 192.168.1.17，设置首选 DNS 服务器的 IP 地址为 192.168.1.57，如图 4-40 所示。

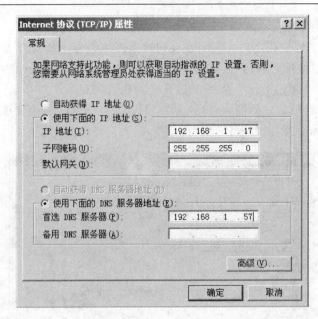

图 4-40 "Internet 协议（TCP/IP）属性" 对话框

（2）重新启动网络连接。设置好客户端的 DNS 服务器信息之后，需要重新启动网络连接。右键单击"本地连接"选项，在弹出的快捷菜单中选择"禁用"命令，然后再次右键单击"本地连接"选项，在弹出的快捷菜单中选择"启用"命令。

步骤 2：在客户端检测 DNS 服务器。

如果 DNS 服务器出现故障不能正常工作，就无法为网络中的计算机提供域名解析服务，下面介绍一些在客户端检测 DNS 服务器的方法。

通过运行 cmd 命令进入命令模式，输入 ping www.mytest.com 指令，按回车。如果系统可以返回 IP 地址 192.168.1.57，则说明客户端可以正常连接到 DNS 服务器，并且 DNS 服务器可以将域名 www.mytest.com 解析成为 IP 地址 192.168.1.57，如图 4-41 所示。

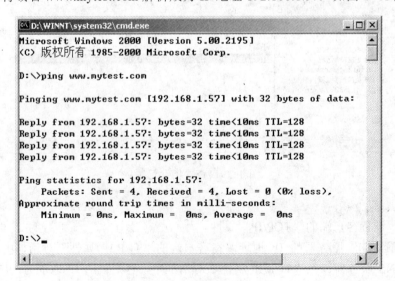

图 4-41 在客户端检测 DNS 服务器

【知识拓展】

一、DNS 查询原理

DNS 域名采用客户机/服务器模式进行解析。下面结合例子说明 DNS 查询的过程，如：为了从客户机访问域名为 www.test.com 的计算机，客户端就需要知道这台计算机的 IP 地址。具体查询过程如下：

（1）客户机向本地 DNS 服务器发送一个查询请求，要求得到域名 www.test.com 所对应的 IP 地址。这个本地 DNS 服务器就是在设置客户机的 TCP/IP 属性时配置的 DNS 服务器的 IP 地址。

（2）本地 DNS 服务器接收到查询请求后，对该服务器上的域名数据库进行检查，域名数据库存储的是 DNS 服务器自身能够解析的数据，如果发现数据库中有所需要的记录，则转入第（9）步。

（3）如果在域名数据库中没有找到匹配的记录，本地 DNS 服务器向根域的 DNS 服务器发出查询请求，要求解析域名 www.test.com 所对应的 IP 地址。

（4）在根域的 DNS 服务器中记录着所有顶级域的 DNS 服务器的信息，根域的 DNS 服务器将带有.com 的这一顶级域的 DNS 服务器的 IP 地址的响应返回给本地 DNS 服务器。

（5）本地 DNS 服务器接收到这个响应后，向.com 域的 DNS 服务器发出查询请求，要求解析域名 www.test.com 所对应的 IP 地址。

（6）.com 域的 DNS 服务器中记录着 test.com 域的 DNS 服务器的信息，.com 域的 DNS 服务器将 test.com 域的 IP 地址作为响应发送给本地 DNS 服务器。

（7）本地 DNS 服务器接收到这个响应后，向 test.com 域的 DNS 服务器发出查询请求，要求解析域名 www.test.com 所对应的 IP 地址。

（8）在 test.com 域的 DNS 服务器中记录着 www.test.com 这一域名与其 IP 地址的对应关系。此时，test.com 域的 DNS 服务器将域名 www.test.com 所对应的 IP 地址发送给本地 DNS 服务器。

（9）本地 DNS 服务器将得到的 IP 地址响应发送给 DNS 客户端，客户端收到这个 IP 地址后，便可以对目的计算机进行访问。

二、DNS 区域

DNS 区域是域名空间里连续的一部分，域名空间中包含的信息是极其庞大的，为了便于管理，可以将域名各自独立存储在服务器上。DNS 服务器以区域为单位来管理域名空间，区域中的数据保存在区域文件中。

三、递归查询的工作方式

递归查询是最常见的查询方式，域名服务器将代替提出请求的客户机（下级 DNS 服务器）进行域名查询，若域名服务器不能直接回答，则域名服务器会在域名树中的各分支的上下进行递归查询，最终将返回查询结果给客户机。在域名服务器查询期间，客户机将完全处于等待状态。

四、迭代查询的工作方式

迭代查询又称重指引，当服务器使用迭代查询时能够使其他服务器返回一个最佳的查询点提示或主机地址。若此最佳的查询点中包含需要查询的主机地址，则返回主机地址信息；若此时服务器不能够直接查询到主机地址，则是按照提示的指引依次查询，直到服务器给出的提示中包含所需要查询的主机地址为止。一般地，每次指引都会更靠近根服务器（向上），查寻到根域名服务器后，则会再次根据提示向下查找。

【小试牛刀】

DNS 服务器与 Web 服务器的 IP 地址为：192.168.100.8，Web 客户机的 IP 地址为：192.168.100.5，在架设 DNS 服务器之前，只能通过 IP 地址的方式（http://192.168.100.8）访问 Web 服务器。请你架设 DNS 服务器，通过域名的方式（http://www.mynet.com）访问 Web 服务器。

任务 2　DHCP 服务

【任务描述】

在联网主机较多的网络中，主机 IP 地址的分配和管理是管理员面临的重要任务之一。如果所有主机的 IP 地址都靠管理员手工设置，这种方式很容易出错，造成地址冲突。DHCP 服务器能够自动给客户机分配 IP 地址，分配的 IP 地址不会产生重复，DHCP 服务可以简化管理员的 IP 地址分配工作，适合规模较大、变动频繁的网络使用。本次任务我们将学习如何安装和配置 DHCP 服务器，掌握安装 DHCP 服务器的方法，掌握配置作用域和设置选项的方法，掌握配置 DHCP 客户端的方法。

【知识预读】

一、DHCP 概述

DHCP 的全称是 dynamic host configuration protocol，意即动态主机配置协议，这是一种简化主机 IP 地址分配管理的 ICP/IP 标准。在本地网络中安装和配置 DHCP 服务器后，就可以从该 DHCP 服务器的 IP 地址数据库中为客户机动态指定 IP 地址，并且在网络上启用 DHCP 客户机的其他相关配置信息。

二、DHCP 常用术语

（1）DHCP 客户机。DHCP 客户机是通过 DHCP 来获得网络配置参数的 Internet 主机，通常就是普通用户的工作站。

（2）DHCP 服务器。DHCP 服务器是安装了 DHCP 服务器软件的计算机，可以向 DHCP 客户机分配 IP 地址。

（3）DHCP 数据库。DHCP 服务器上的数据库存储了 DHCP 服务配置和各种信息，主要包括以下 3 项：

1）网络上所有 DHCP 客户机的配置参数。

2）为 DHCP 客户机定义的 IP 地址和保留的 IP 地址。

3）租约设置信息。

（4）DHCP 作用域。DHCP 服务器以作用域为基本管理单位。作用域实际上就是可以动态分配的地址池（地址范围），如 192.168.1.1～192.168.1.100 就可以称为作用域。

DHCP 服务器必须为每个子网定义一个单独的作用域。

（5）排除范围。排除范围是作用域内从 DHCP 服务中排除的有限 IP 地址序列。排除范围确保在这些范围中的任何地址都不是由网络上的 DHCP 服务器提供给 DHCP 客户机的。

（6）地址池。在定义 DHCP 作用域并应用排除范围之后，剩余的地址在作用域内形成可用地址范围，称地址池。

（7）租约。租约定义了从 DHCP 服务器获得的 IP 地址可以使用的时间期限。DHCP 客户机从服务器租借 IP 地址后，租约开始生效。在租约过期之前，客户机可以向服务器提出更新租约申请。

三、配置计算机的 TCP/IP 参数的两种方法

1. 手动配置

用手动方式配置计算机的 TCP/IP 参数时，应分别为每台客户端计算机指定一个唯一的 IP 地址、子网掩码、默认网关等 TCP/IP 参数。在这个配置过程中，有可能输入错误的 IP 地址等 TCP/IP 参数，也有可能造成 IP 地址与子网掩码或默认网关不匹配，从而导致网络中 IP 地址冲突，或者导致这台计算机无法与网络中的其他计算机进行通信。如果经常需要将网络的计算机从一个子网移动到另一个子网，网络管理员就必须用手动方式来修改这些计算机的 IP 地址及其他 TCP/IP 参数。

2. 自动配置

利用 DHCP 服务可以为本地网络中的计算机自动分配 IP 地址及其他 TCP/IP 参数，此时网络管理员不再需要为每台计算机手工输入 IP 地址。当计算机启动时，它会自动地从 DHCP 服务器的 IP 地址数据库中获得正确的 IP 地址和其他必要的配置信息，从而保证网络中的所有客户端计算机都使用正确的 TCP/IP 配置参数。

【实践向导】

一、实例 1 架设 DHCP 服务器

1. 安装 DHCP 协议

步骤 1：在默认情况下安装好 Windows 2000 之后，DHCP 服务并没有被添加进去。用户可以打开"控制面板→添加/删除程序→添加/删除 Windows 组件"，在组件列表中双击"网络服务"，选中"动态主机配置协议（DHCP）"选项，单击"确定"按钮，如图 4-42 所示。

步骤 2：返回"Windows 组件向导"对话框，单击"下一步"按钮，系统将开始添加 Windows 组件。在安装过程中，系统会提示插入 Windows 2000 Server 操作系统的安装光盘，此安装过程需要几分钟的时间。

步骤 3：安装结束后，在"控制面板"的"管理工具"文件夹内会看到"DHCP"图标，在"开始"菜单的"管理工具"选项中也会看到"DHCP"选项。

2. 查看 DHCP 服务器

步骤 1：单击"开始→程序→管理工具→DHCP"，可以打开 DHCP 服务器的主界面，如图 4-43 所示。

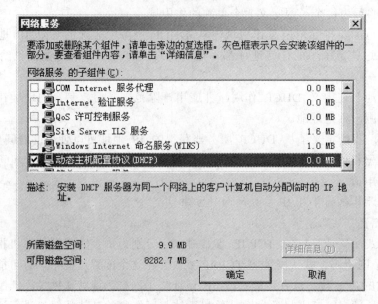

图 4-42　"网络服务"对话框

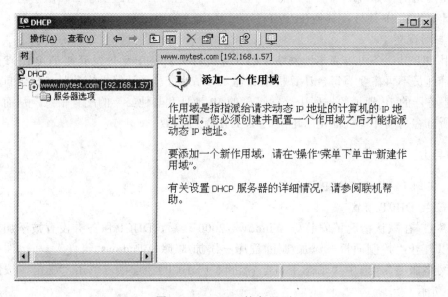

图 4-43　DHCP 的主界面

步骤 2： 当 DHCP 启动完后，看看它显示的"计算机名"和"IP 地址"是否与你的服务器一样，如果不一样就将原有的服务器删除再添加。

注意：如果是在 Active Directory（活动目录）域中部署 DHCP 服务器，还需要进行授权才能使 DHCP 服务器生效。

3. 配置 DHCP 作用域

要想为同一子网内的所有客户端电脑自动分配 IP 地址，首先要做的就是创建一个 DHCP 作用域，也就是事先确定一段 IP 地址作为 IP 地址范围。

步骤 1： 设置新建 DHCP 作用域的名称。

右键单击"www.mytest.com[192.168.1.57]"选项，在弹出的快捷菜单中选择"新建作用域"命令，打开"新建作用域向导"对话框，从中可设置新建 DHCP 作用域的名称，如图 4-44 所示。

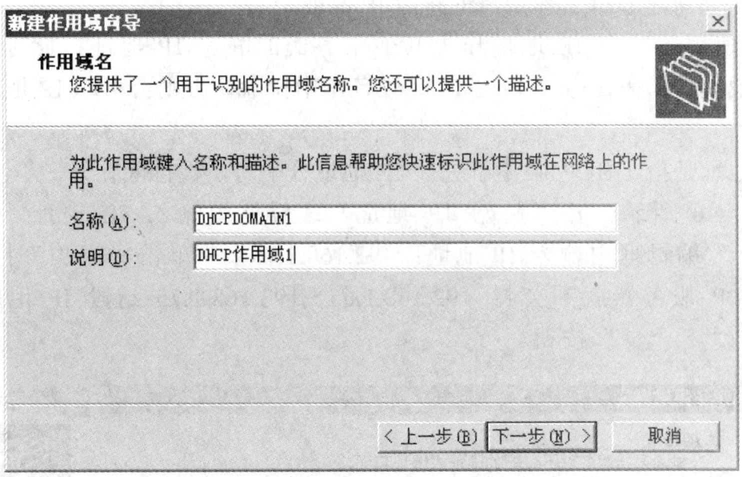

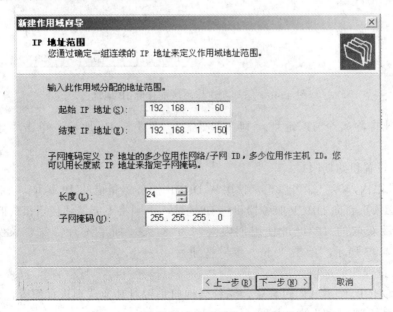

图 4-44　设置新建作用域的名称

在此，可以设置新建 DHCP 作用域的名称为 DHCPDOMAIN1，设置说明为"DHCP作用域 1"，然后单击"下一步"按钮。

注意：这里的作用域名称只起到一个标示的作用，基本上没有实际应用。

步骤 2：设置新建 DHCP 作用域的 IP 地址范围。

在配置 DHCP 作用域的过程中，需要设置新作用域的起始 IP 地址、终止 IP 地址以及子网掩码，如图 4-45 所示。设置 IP 地址范围之前，需要调查网络中在线计算机的最大数量，尽量避免出现 IP 地址不够分配的情况。

图 4-45　设置新建作用域的 IP 地址范围

　　子网掩码可以根据网络中的实际情况进行设置，如果没有特殊的需要，采用系统默认值即可。在此，可以设置 IP 地址的范围为 192.168.1.60～192.168.1.150，子网掩码为 255.255.255.0，然后单击"下一步"按钮。

　　步骤 3：添加新建 DHCP 作用域的排除 IP 地址。

　　如果已经使用了几个 IP 地址作为其他服务器的静态 IP 地址，此时必须把这些已经分配的 IP 地址从 DHCP 服务器的 IP 地址范围中排除，否则会引起 IP 地址的冲突，导致网络故障。

　　排除 IP 地址是指 DHCP 服务器进行 IP 地址分配时，被排除在外，不参与分配的 IP 地址。如图 4-46 所示，在"起始 IP 地址"编辑框中输入 IP 地址：192.168.1.65，"结束 IP 地址"编辑框中输入 IP 地址：192.168.1.75，并单击"添加"按钮。添加完成之后，DHCP 服务器就不会将 192.168.1.65～192.168.1.75 这段 IP 地址分配给客户端。接着单击"下一步"按钮。

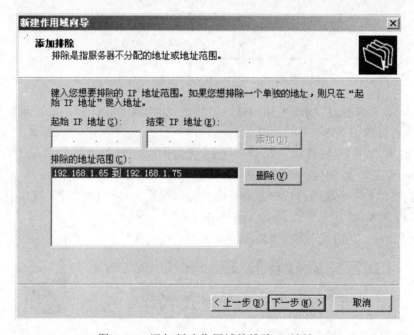

图 4-46　添加新建作用域的排除 IP 地址

　　如果单独排除某个 IP 地址，则在起始栏中填写该 IP 地址，单击"添加"按钮即可。

　　步骤 4：设置租约期限。

　　在租约期限内，客户端可以正常使用从 DHCP 服务器租借的 IP 地址，如果超过了租约期限，则必须重新向 DHCP 服务器租借 IP 地址，否则将不能继续使用租借的 IP 地址。默认将客户端获取的 IP 地址使用期限限制为 8 天。如果没有特殊要求保持默认值不变，如图 4-47 所示，单击"下一步"按钮。

　　步骤 5：设置其他选项。

　　在配置 DHCP 作用域的过程中，系统会询问是否对其他选项进行配置，例如网络中的 DNS 服务器、默认网关等，如图 4-48 所示。

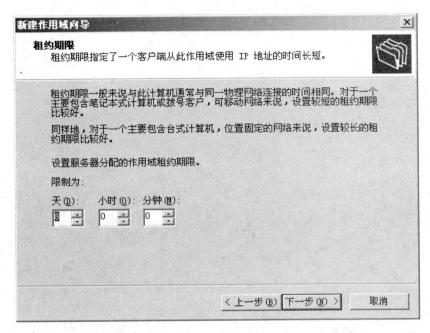

图 4-47　设置租约期限

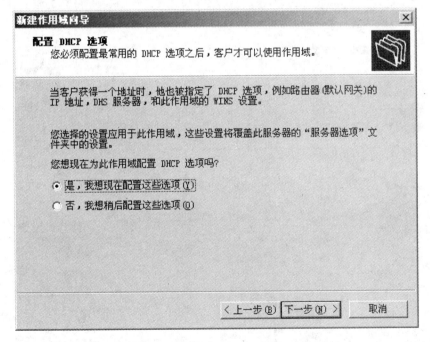

图 4-48　设置 DHCP 选项

在此，可以选择"是，我想现在配置这些选项"，然后单击"下一步"按钮。

步骤 6：设置默认网关。

所谓网关，就是网络的出口，一般指路由器或者代理服务器，如图 4-49 所示，可以添加 IP 地址 192.168.1.254 作为默认网关，然后单击"下一步"按钮。

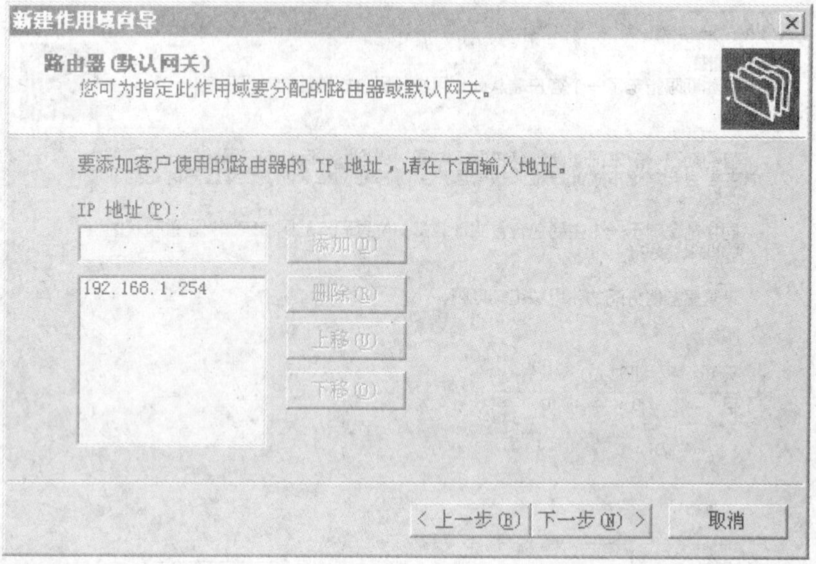

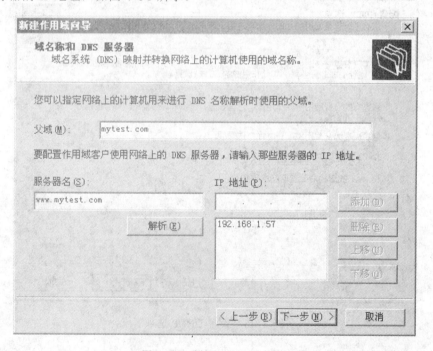

图 4-49　设置默认网关

步骤 7：设置 DNS 服务器。

在配置 DHCP 作用域的过程中，需要填写计算机所在区域名称，而且需要解析出 DNS 服务器的 IP 地址，如图 4-50 所示。

图 4-50　设置 DNS 服务器

可以设置父域的名称为 mytest.com，设置服务器名为 www.mytest.com，单击"解析"按钮后系统会自动连接 DNS 服务器并解析出 IP 地址 192.168.1.57，然后单击"添加"按钮将 IP 地址添加进去，再单击"下一步"按钮。

步骤 8：设置 WINS 服务器。

在配置 DHCP 作用域的过程中，需要填写网络中 WINS 服务器的有关信息，如图 4-51 所示。由于本地网络中没有架设 WINS 服务器，因此直接单击"下一步"按钮跳过就可以了。

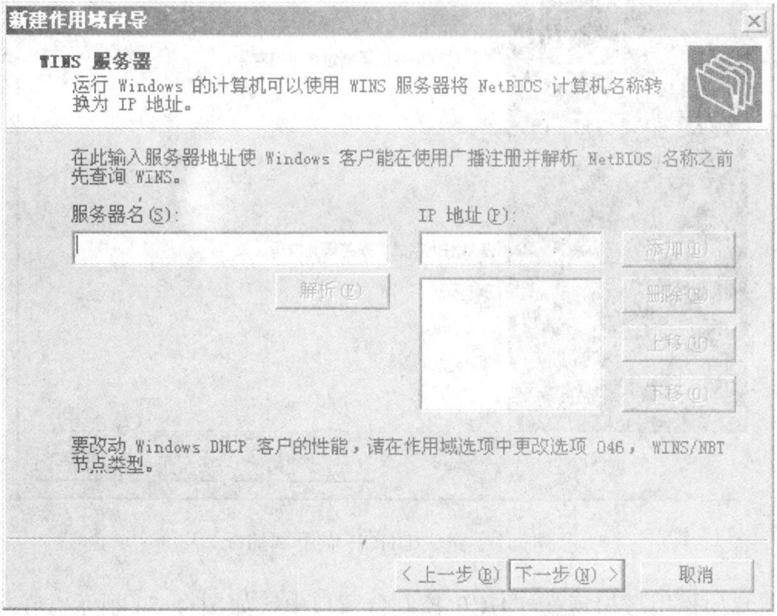

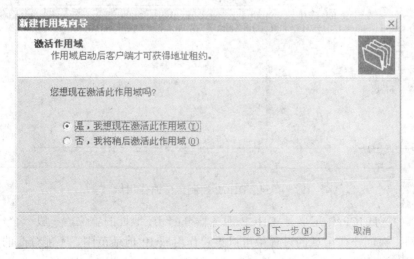

图 4-51　设置 WINS 服务器

步骤 9：激活 DHCP 作用域。

在配置 DHCP 作用域的过程中，系统会询问是否立刻激活 DHCP 作用域，如图 4-52 所示，作用域激活后才能使 DHCP 客户机获得 IP 地址租约，选择"是，我想现在激活此作用域"选项，单击"下一步"按钮。

图 4-52　激活 DHCP 作用域

步骤 10：完成 DHCP 作用域配置。

完成 DHCP 作用域的配置之后，系统会显示"您已成功地完成了新建作用域向导"信息，确认配置信息正确无误，则单击"完成"按钮，如图 4-53 所示。

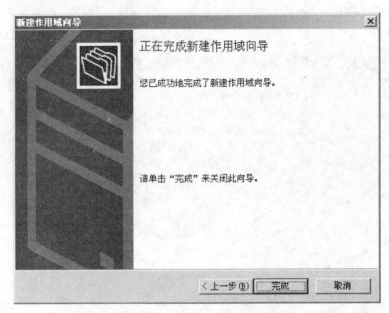

图 4-53　完成 DHCP 作用域的配置

此时，新建的作用域出现在 DHCP 控制台窗口中，如图 4-54 所示。在该作用域下面有"地址池"、"地址租约"、"保留"和"作用域选项" 4 个项目。通过在控制台树中单击某个项目，可以在右边的窗格中查看该项目的详细信息。

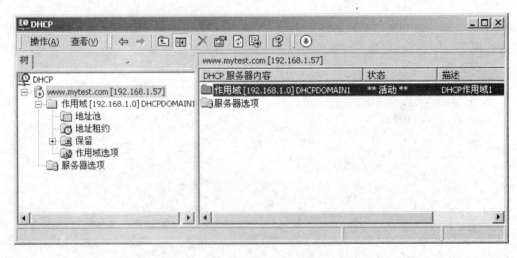

图 4-54　DHCP 控制台中的作用域

注意：（1）DHCP 作用域是 DHCP 服务器分配 IP 地址的单位，一般一个作用域就对应一个子网。在创建作用域的过程中可以设置作用域 IP 地址范围、不能分配的 IP 地址、与 DHCP 作用域集成的 DNS 服务器、WINS 服务器等。

（2）基本 Windows 2000 Server 的 DHCP 服务器可以在工作组管理模式和活动模式两种模式下运行。在没有安装 Active Directory 的情况下，安装 DHCP 服务后，该服务便自动开始运行。在安装 Active Directory 的情况下，安装 DHCP 服务后，还必须对 DHCP 服务器授权，它才能为 DHCP 客户机提供服务。

二、实例 2　配置 DHCP 客户端

通过设置 DHCP 客户机的 TCP/IP 属性从 DHCP 服务器上自动获取 IP 地址和 DNS 服务器地址。DHCP 客户机不安装 DHCP 服务。

下面进行客户端的"Internet 协议（TCP/IP）"属性的设置。

步骤 1： 启用客户端的 DHCP 服务。

只要将手动设置的 IP 地址去掉，客户端就会自动启用 DHCP 服务。在客户端的"Internet 协议（TCP/IP）属性"对话框中，选择"自动获得 IP 地址"选项，即可启用客户端的 DHCP 服务，如图 4-55 所示。

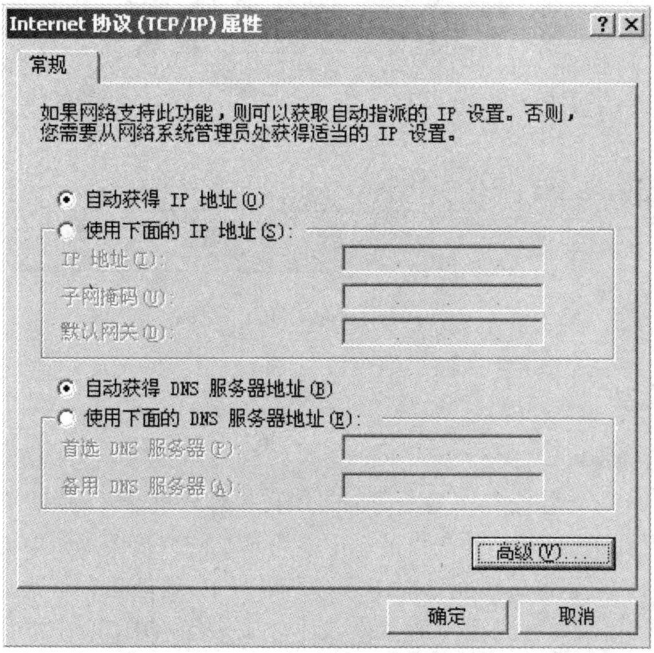

图 4-55　启用客户端的 DHCP 服务

步骤 2： 查看 DHCP 属性。

在"Internet 协议（TCP/IP）属性"对话框中单击"高级"按钮，打开"高级 TCP/IP 设置"对话框，可以看到，客户端的 DHCP 服务已经被启用，如图 4-56 所示。重新启动计算机之后，客户端会自动搜索网络上的 DHCP 服务器并向其租借 IP 地址。

步骤 3： 查看客户端网络信息。

客户端每次从 DHCP 服务器租借的 IP 地址是不固定的，可以采用 ipconfig/all 指令查询客户端的网络信息。

在客户端运行 cmd 指令，进入命令行模式，运行 ipconfig/all 指令查询客户端的网络信息，可以看到 DHCP 服务器为客户机指派的 IP 地址、子网掩码、默认网关、DNS 服务器地址以及租约期限等信息。

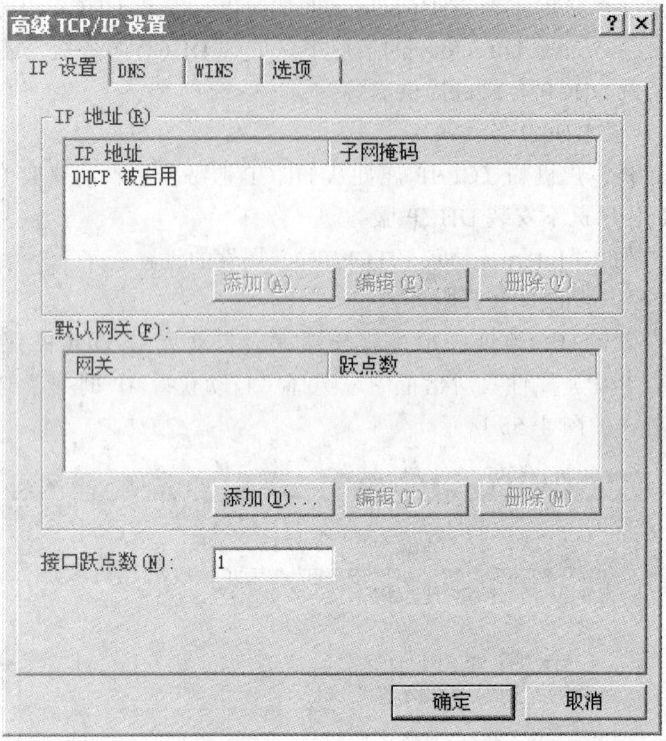

图 4-56　查看 DHCP 属性

【知识拓展】

一、DHCP 中继代理

在大型的网络中，可能会存在多个子网。DHCP 客户机通过网络广播消息获得 DHCP 服务器的响应后得到 IP 地址。但广播消息不能跨越子网。那么，如果 DHCP 客户机和服务器在不同的子网内，客户机还能不能向服务器申请 IP 地址呢？这就要用到 DHCP 中继代理。DHCP 中继代理实际上是一种软件技术，安装了 DHCP 中继代理的计算机称为 DHCP 中继代理服务器，它承担不同子网间的 DHCP 客户机和服务器的通信。

二、DHCP 服务的通信过程

DHCP 客户机在每次启动时，都要与 DHCP 服务器通信，以获得 IP 地址及 TCP/IP 配置。其通信过程有以下两种：

（1）DHCP 客户机向 DHCP 服务器申请新的 IP 地址。

（2）已经获得 IP 地址的 DHCP 客户机请求更新租约，续租 IP 地址。

三、DHCP 超级作用域

假设现在有两个作用域，配置如下：

作用域 1：192.168.1.1～192.168.1.100

作用域 2：192.168.20.1～192.168.20.100

如果作用域 1 中的主机数量已经超过 100 个，作用域 1 的 IP 地址就不够用了。如果还有客户机要申请 IP 地址，将被拒绝。而作用域 2 的主机只有 20 个，作用域 2 的 IP 地址还有大量空余。能不能将作用域 2 的 IP 地址分配给作用域 1 使用呢？

这就是超级作用域的作用。超级作用域将若干个作用域绑定在一起，可以统一调配 IP 地址资源。

四、授权 DHCP 服务器

如果在运行 Windows 2000 Server 操作系统的计算机上安装 DHCP 服务后，该服务器就能够对客户机提供服务。那么，很有可能会出现这样的局面：有的用户随意在计算机上安装 DHCP 服务，然后就向其他用户提供一些未经过规划的 IP 地址，产生 IP 地址的混乱。

因此，有必要对网络中的 DHCP 服务器进行授权，允许被授权的 DHCP 服务器提供服务。要对 DHCP 服务器授权，DHCP 服务器必须处于域管理模式，网络中必须有一台域控制器（安装活动目录的计算机），域管理员 Administrators 可以对 DHCP 服务器进行授权，授权后的 DHCP 服务器的 IP 地址保存在活动目录中，而不是 DHCP 服务器的数据库中。

授权步骤：

（1）右键单击 DHCP 服务器，在弹出的快捷菜单中选择"管理授权的服务器"选项，如图 4-57 所示。

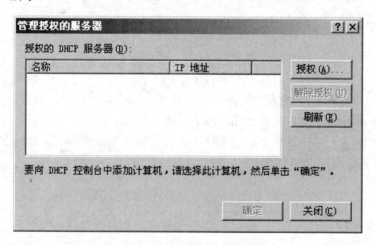

图 4-57 管理授权的服务器

（2）单击"授权"按钮，在"名称或者 IP 地址"文本框中输入 DHCP 服务器的 IP 地址，如图 4-58 所示，单击"确定"按钮。

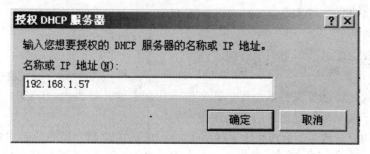

图 4-58 授权 DHCP 服务器

（3）出现如图 4-59 所示的"DHCP"提示框，单击"是"按钮。由于尚未建立活动目录，所以出现如图 4-60 所示的对话框，否则授权成功。

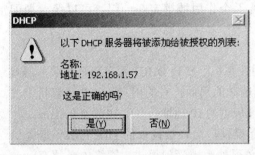

图 4-59 DHCP 服务器 IP 地址的提示　　　　图 4-60 无法访问活动目录的提示

【小试牛刀】

某公司的局域网采用 DHCP 服务来为客户机分配 IP 地址，请你构建一个 Windows 2000 的 DHCP 服务器，DHCP 服务器的 IP 地址为 192.168.100.89，计算机名为 mynetserver，DHCP 客户机的 IP 地址由 DHCP 服务器动态分配。

任务 3　FTP 服务

【任务描述】

文件资源是 Internet 上的重要资源，有各种各样的软件、音乐、电影是以文件形式存储在 FTP 服务器上的。FTP 服务是 Internet 上的重要服务功能之一，通过 FTP 服务可以实现在 TCP/IP 网络上的计算机之间的文件传输。本次任务我们将学习如何利用 Serv-U 软件架设 FTP 服务器和设置客户端。

【知识预读】

一、什么是 FTP

FTP 是 file transfer protocol（文件传输协议）的简写，用于实现 TCP/IP 网络上的文件传输，它与 HTTP 协议一样工作在 TCP/IP 协议的应用层，HTTP 协议是提供 Web 访问的协议，而实际上 FTP 协议就是专门用于文件上传下载的协议。可以这样理解，客户机和服务器双方都使用 FTP 协议，就好像是为双方都配备了一个专门用于文件传输的工作人员，专职负责文件的传输工作。

二、FTP 的功能

FTP 的主要功能包括如下两个方面。

1. 文件的下载

文件下载就是将远程服务器上提供的文件下载到本地计算机上。HTTP 的 Web 访问也提供了文件的下载功能，这两者有什么区别呢？

（1）使用的简便程度。HTTP 比 FTP 简单，一般的用户都知道如何用 HTTP 访问 Web 站点，只要点击相关网址就可以下载，而有的用户是不知道如何使用 FTP 的。

（2）使用的原理。采用 HTTP 协议下载，如果不使用专门的断点续传软件（如网络蚂蚁等），只要连接突然中断，下次下载还得从头开始。目前的 FTP 客户机软件都支持断点续传功能，可以在中断后，从中断处续接下载，节省用户的使用时间和金钱。

（3）传输的速率。由于 HTTP 协议并不是专用的文件传输，因此速率较慢，而 FTP 协议是专门为文件传输定制的协议，因此传输速率较快。

2．文件的上传

文件的上传功能是 FTP 的特色，客户机可以将任意类型的文件上传到指定的 FTP 服务器上。

注意：若仅仅需要提供文件的下载服务，有 HTTP 和 FTP 两种选择方案；若需要提供文件的上传服务则应该选用 FTP 方案。目前的 FTP 服务器软件都支持文件的上传下载功能。

三、FTP 工作原理

FTP 服务是一种实时的联机服务，用户在访问 FTP 服务器之前必须进行登录，登录时要求用户给出其在 FTP 服务器上的合法账号和密码。只有成功登录的用户才能访问该 FTP 服务器，并对授权的文件进行查阅和传输。

FTP 服务与其他 Internet 服务一样，也是工作在客户机/服务器模式下，用户通过一个支持 FTP 协议的客户端程序连接到远程计算机上的 FTP 服务器程序，并通过客户端向服务器程序发出命令，服务器程序执行用户发出的命令，并将执行结果返回到客户机。例如，用户发出一条命令，要求服务器传送某个文件的拷贝，服务器会响应该命令，并将指定文件送到用户的计算机上。

FTP 的工作流程如下：

（1）FTP 客户机向 FTP 服务器请求登录。

（2）FTP 客户机向 FTP 服务器请求获取目录信息，下载文件或上传文件。

（3）客户机终止与 FTP 服务器的连接。

四、FTP 的访问方式

FTP 客户机要访问服务器，有如下两种方式。

1．匿名方式

匿名方式使用"anonymous"作为用户名，以任意的电子邮件地址作为口令访问 FTP 服务器（也称为 FTP 站点）。目前在 Internet 上有大量匿名 FTP 站点提供免费的软件下载服务。

2．用户方式

某些 FTP 站点限定了使用 FTP 服务的用户，因此用户需要按照站点提供的用户名和密码登录 FTP 站点，才能获得某些服务。

【实践向导】

一、架设 FTP 服务器的准备工作

步骤 1：创建 FTP 服务器的主目录。

架设 FTP 服务器之前，首先需要在本地计算机上创建存放 FTP 服务器的主目录。在本地计算机的 F 盘下新建名为 FTP 的文件夹，在后面配置 FTP 服务器的过程中，将把

F:\FTP 文件夹作为 FTP 服务器的主目录。

步骤 2： 创建 FTP 服务器的子目录。

在本地计算机的 F:\FTP 文件夹内依次建立名为电影、软件、网页素材、音乐、游戏的文件夹，用于存放相关的资源信息。

二、配置 FTP 服务器

步骤 1： 设置向导。

首次运行软件 Serv-U 时，系统会自动弹出"设置向导"对话框，要求立即对 FTP 服务器进行配置，如图 4-61 所示。

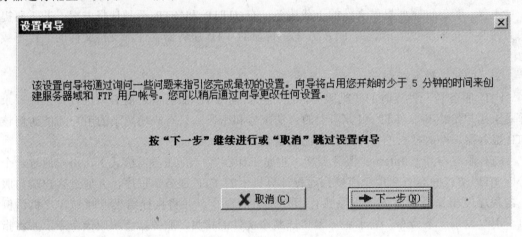

图 4-61　"设置向导"对话框

在此，可以单击"下一步"按钮，开始配置 FTP 服务器的操作。

步骤 2： 设置菜单图像。

在配置 FTP 服务器的过程中，需要选择是否启用菜单项目的小图像，如图 4-62 所示。

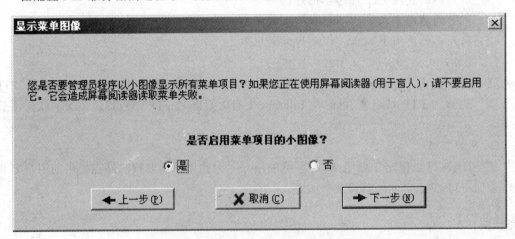

图 4-62　"显示菜单图像"对话框

选择使用小图像显示菜单项目比较有利于阅读，但是会与某些屏幕阅读器软件不兼容。在此，可以选择"是"选项，然后单击"下一步"按钮。

步骤 3：检测本地服务器。

在配置 FTP 服务器的过程中，需要对本地服务器进行检测，如图 4-63 所示。

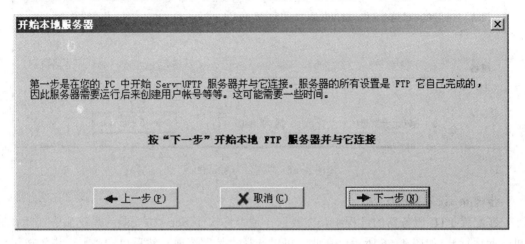

图 4-63 "开始本地服务器"对话框

在检测过程中，软件 Serv-U 将会自动启动 FTP 服务器并检测是否可以将本地计算机连接到 FTP 服务器，最后会通过测试账号对 FTP 服务器进行登录测试。单击"下一步"按钮，开始本地服务器的检测。

步骤 4：设置 IP 地址。

在配置 FTP 服务器的过程中，需要设置 IP 地址，如图 4-64 所示。

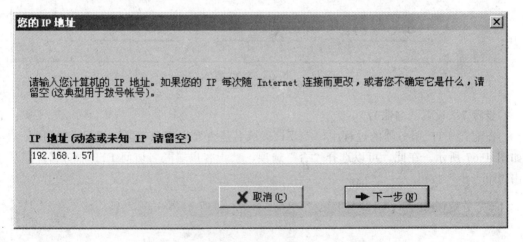

图 4-64 设置 IP 地址

如果用于架设 FTP 服务器的计算机采用静态 IP 地址，则直接输入本地计算机的 IP 地址即可。在此，可以设置本地计算机的静态 IP 地址 192.168.1.56 作为 FTP 服务器的 IP 地址，然后单击"下一步"按钮。

步骤 5：设置域名。

在配置 FTP 服务器的过程中，需要设置域名，如图 4-65 所示。在此，可以设置 FTP 服务器的域名为 ftp.Z0741.com，然后单击"下一步"按钮。

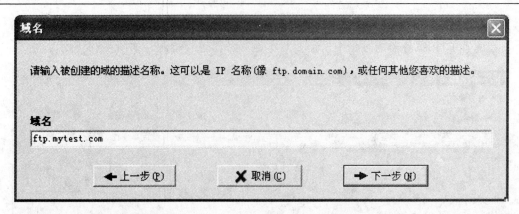

图 4-65 "域名"对话框

步骤 6：设置系统服务。

在配置 FTP 服务器的过程中，需要选择是否将软件 Serv-U 安装为系统服务（随计算机一起运行），如图 4-66 所示。在此，可以选择"是"选项，然后单击"下一步"按钮。

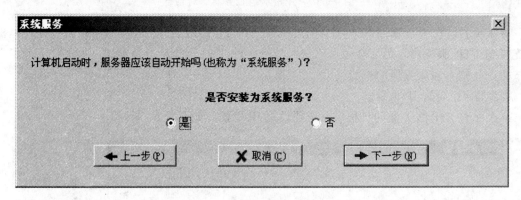

图 4-66 "系统服务"对话框

步骤 7：设置匿名账号。

在配置 FTP 服务器的过程中，需要设置域名是否允许客户端匿名访问 FTP 服务器，如图 4-67 所示。在此，可以选择"否"选项，禁止客户端匿名访问 FTP 服务器，然后单击"下一步"按钮。

图 4-67 "匿名账号"对话框

步骤 8：创建命名的账号。

在配置 FTP 服务器的过程中，需要选择是否创建命名账号，如图 4-68 所示。在此，可以选择"是"选项，然后单击"下一步"按钮。

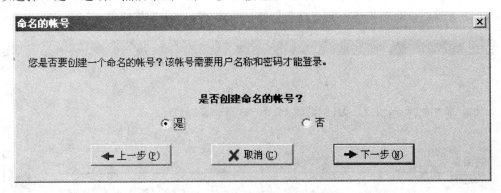

图 4-68　"命名的账号"对话框

步骤 9：设置账号名称。

在配置 FTP 服务器的过程中，需要设置账号名称，如图 4-69 所示。在此，可以设置账号登录名称为 zhaoxiaofeng，然后单击"下一步"按钮。

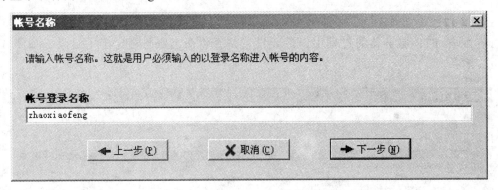

图 4-69　"账号名称"对话框

步骤 10：设置账号密码。

在配置 FTP 服务器的过程中，需要设置命名账号的密码，如图 4-70 所示。在此，可以设置密码为 z0741，然后单击"下一步"按钮。

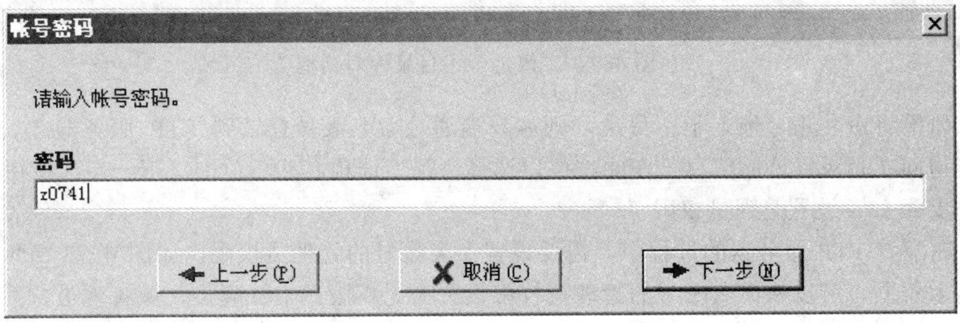

图 4-70　"账号密码"对话框

步骤 11：设置主目录。

在配置 FTP 服务器的过程中，需要设置命名账号的主目录，如图 4-71 所示。在此，可以设置命名账号的主目录指向前面已经创建好的 F:\FTP 文件夹。这样通过命名账号访问 FTP 服务器时，会首先进入此文件夹，然后单击"下一步"按钮。

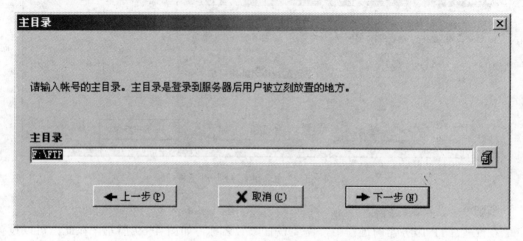

图 4-71　"主目录"对话框

步骤 12：设置锁定。

在配置 FTP 服务器的过程中，需要设置是否将命名账号锁定于主目录，如图 4-72 所示。

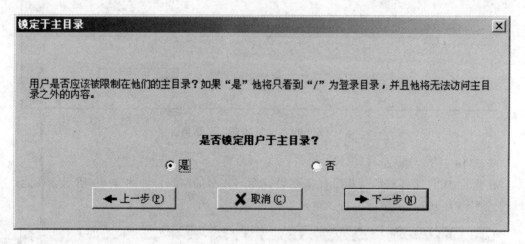

图 4-72　"锁定于主目录"对话框

如果将命名账号锁定于主目录，则客户端通过命名账号登录到 FTP 服务器之后，将不能访问主目录以外的信息。在此，可以选择"是"选项，然后单击"下一步"按钮。

步骤 13：设置管理员权限。

在配置 FTP 服务器的过程中，需要设置命名账号的管理员权限，如图 4-73 所示。根据需求不同，可以将命名账号的管理员权限设置为无权限、组管理员、域管理员、系统管理员和只读管理员几个级别。

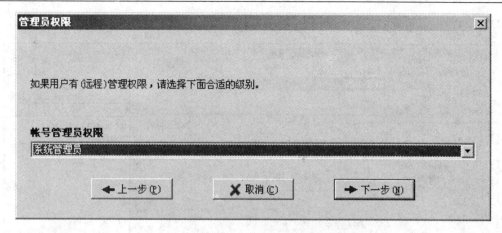

图 4-73　"管理员权限"对话框

在此，可以将命名账号的管理员权限设置为系统管理员，然后单击"下一步"按钮。

步骤 14：完成配置。

在"完成"对话框中，单击"完成"按钮，即可结束配置 FTP 服务器的操作，如图 4-74 所示。

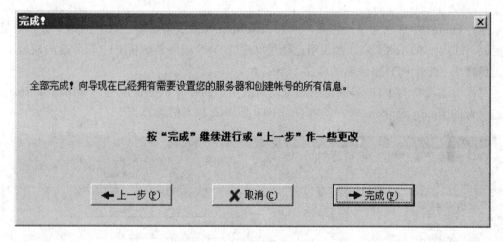

图 4-74　完成配置对话框

三、创建 DNS 记录

步骤 1：创建解析记录。

在 DNS 服务器上，需要建立域名 ftp.mytest.com 到 IP 地址 192.168.1.57 的解析记录。由于在前面 DNS 服务器的任务中已经创建了 mytest.com 域，因此只要在 mytest.com 域上新建相关的主机记录即可。

在此，可以在 mytest.com 域上创建名称为 ftp、IP 地址为 192.168.1.57 的解析记录，如图 4-75 所示。单击"添加主机"按钮，在 DNS 服务器内就会添加一条名为 ftp 的解析记录指向 IP 地址 192.168.1.57。

步骤 2：检测解析记录。

在 DNS 服务器中创建好相关的解析记录之后，需要进行一些检测，查看是否能够通过 DNS 服务器解析域名。

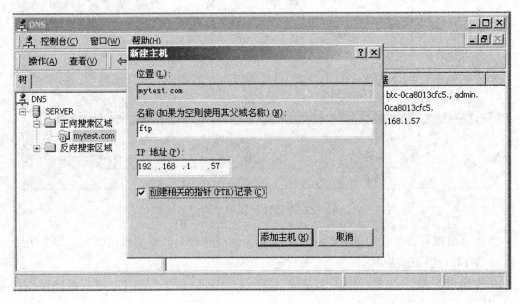

图 4-75　"新建主机"对话框

运行 cmd 指令进入命令行模式，输入 ping ftp.mytest.com 命令，按"回车"键，如果能够返回 IP 地址 192.168.1.57，则说明已经可以通过 DNS 服务器解析 FTP 服务器的域名。

步骤 3：查看 FTP 服务器的信息。

完成上述操作的 FTP 服务器已经可以为网络中的计算机提供服务。单击图 4-76 中已经建立好的 ftp.mytest.com 域，即可查看 FTP 服务器基本信息。

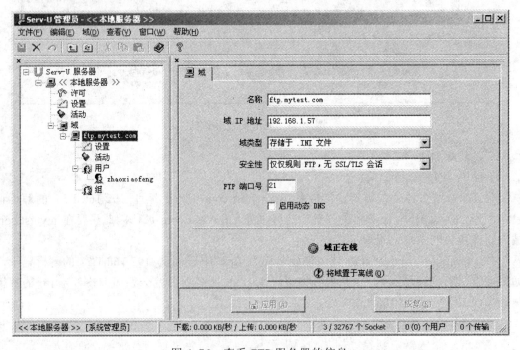

图 4-76　查看 FTP 服务器的信息

【知识拓展】

什么是 FTP 主动模式和被动模式

一般的 Internet 服务器和客户机之间只使用一对端口提供服务。FTP 服务使用两对端口提供服务。FTP 服务器的端口 21 用来传输命令，建立控制连接。端口 20 用来传输数据，建立数据连接。数据连接的建立方法有如下两种：

（1）主动模式。由 FTP 客户发起到 FTP 服务器的控制连接，FTP 服务器接收到客户机的数据请求命令后，通过 20 端口发起到 FTP 客户机的数据连接。这是一种客户机管理模式。客户机控制服务器发送数据。FTP 客户机软件默认使用主动模式。

（2）被动模式。由 FTP 客户机发起到 FTP 服务器的控制连接和数据连接。这是一种服务器管理模式。FTP 客户机发出 Pasv 命令，FTP 服务器分配一个动态端口作为数据连接使用。当客户机发出数据连接命令后，FTP 服务器通过分配的动态端口发送数据。Web 浏览器访问 FTP 服务器默认使用主动模式。

FTP 服务器和客户机都可以设置，究竟采用何种模式，取决于客户机的设置。

【小试牛刀】

FTP 服务器的 IP 地址为 192.168.1.56，在 D:\z0741 文件夹下创建两个文件夹,分别是 music 和 up，music 文件夹内有几首歌曲用于本地计算机下载，up 文件夹用于上传文件。请你架设 FTP 服务器，实现文件的上传和下载，并且只允许授权访问，而不允许匿名访问。

+·+

● 项目总结

本项目主要介绍了路由器的管理工作，通过任务实训，读者可以认识不同类型的路由器，认识路由器的工作原理，会利用超级终端对路由器进行日常维护及管理，初步掌握路由器的接口配置。此外，还介绍了 TCP/IP 网络中常用的 DNS 服务、DHCP 服务、Web 服务、FTP 服务，了解这些服务的相关概念及工作原理，通过任务实训，读者可以对这些服务器的功能有进一步的理解并且能够对 DNS 服务器、DHCP 服务器、Web 服务器、FTP 服务器进行熟练的安装、配置和管理。

● 挑战自我

一、填空题

（1）路由器的内存分为____、____、____和____4 类。

（2）路由器的配置模式分为____、____和____3 类。

（3）_____也称为 WWW（World Wide Web）服务器，其主要功能是_____。当 IIS 安装完成后，系统将自动创建一个_____，用户可以通过它快速发布网页内容。

（4）_____协议是为了方便数据的浏览而制定的，如果用户经常需要在网络中对文件进行上传和下载，或传送较大的文件，则需要使用_____协议。

（5）在域名 www.cctv.com 中，顶级域是_____，二级域是_____。

（6）FTP 的全称是_____，使用 FTP 服务时，下载文件是指将_____上的文件复制到_____上；上传是指将_____上的文件复制到_____上。

（7）匿名连接 FTP 站点时，可以使用的用户名为_____，密码为_____。

（8）FTP 服务支持_____和_____两种工作模式。

（9）DHCP 的全称是_____，用来_____。

二、选择题

（1）下面哪种网络设备工作在 OSI 模型的第 3 层？（　　　）

　　A．集线器　　　　B．交换机　　　　C．路由器　　　　　　D．防火墙

（2）以下哪个命令用于测试网络连通？（　　　）

　　A．telnet　　　　B．网络邻居　　　C．ping　　　　　　　D．tftp

（3）下面哪个选项是推荐的 Windows Server 2003 和 Windows 2000 文件系统？（　　　）

　　A．FAT　　　　　　　　　　　　B．FAT32

　　C．NTFS　　　　　　　　　　　D．CDFS

（4）（　　　）是一种组织域层次结构的计算机和网络服务命名系统。

　　A．Active Directory　　　　　　B．DNS

　　C．WINS　　　　　　　　　　　D．DHCP

（5）当在一部计算机上架设了多个 Web 站点或其他 Internet 服务时，为了提高整体服务质量，就需要限制各站点的（　　　）。

　　A．带宽　　　　　　　　　　　B.网站连接

　　C．性能　　　　　　　　　　　D．HTTP 头

（6）下面哪些服务不是 Internet 可以提供的服务？（　　　）

　　A．社区服务　　　　　　　　　B．telnet

　　C．FTP　　　　　　　　　　　D．WWW

三、实践题

请对路由器进行配置（如图 4-77 所示）：（1）设置主机名；（2）设置路由器登录的密码；（3）设置接口 fa0/0 的 IP 地址；（4）查看配置信息，并保存。

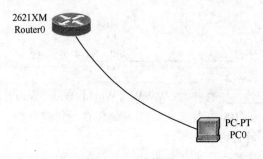

图 4-77　连接图

项目5 网络安全及维护

● 项目引言

　　安全在军事上表现得尤为突出。在战争期间，交战双方的作战计划、作战部署、作战命令、作战行动等都是军事机密，必须采用安全通信方式进行信息传递。人类社会中的商业活动和社会活动也充满竞争，有竞争就有机密，有竞争就有情报。

　　自从有了计算机网络，资源和信息的共享方便了，但信息的安全变得更加困难，计算机网络需要保持传输中的第三信息，需要区分信息的合法用户和非法用户，需要鉴别信息的可信性和完整性。在使用网络各种服务的同时，有些人有可能无意地非法访问并修改了某些敏感信息，致使网络服务中断；也有些人出于各种目的有意地窃取机密信息，破坏网络的正常工作。网络安全主要研究计算机网络的安全技术和安全机制，确保网络免受各种威胁和攻击。

● 项目概要

模块1　数据加密与数字签名

　　随着计算机技术与网络技术的发展，网络监视和网络窃听已不再是一件复杂的事情，黑客可以轻而易举地获取在网络中传输的数据信息。如果不希望黑客看到传输的信息，就需要使用加密技术对传输的数据信息进行加密处理。关于经过加密的数据即使黑客窃取了报文，由于不知道相应的解密方法和密钥，也无法将密文（加密后形成的数据信息）还原成明文（未经过加密处理的数据信息），从而保证信息在传输过程中的安全。数字签名技术可以保证信息的完整性、真实性和不可否认性。

任务 1   数据加密与解密

【任务描述】

掌握 PGP 软件的安装，应用 PGP 创建密钥对，掌握 PGP 软件加密与解密的使用方法。

【实践向导】

步骤 1： 安装 PGP9.9.0 中文版软件。

PGP 是国际上十分流行的加密软件，其功能十分强大，可以对各种文件进行加密，生成 256 位、512 位、1024 位密钥。PGP 采用公匙加密体系，用加密算法生成两个密钥，分别作为公钥和私钥。公钥用来加钥，是公开的；私钥用来解密，自己保存。

和其他软件一样，运行安装程序，经过短暂的自解压准备安装过程后，进入安装界面。先是欢迎信息，点"Next"按钮。然后是许可协议，这里是必须无条件接受的，英文水平高的、有兴趣的朋友，可以仔细阅读一下。点"Yes"按钮，进入提示安装 PGP 所需要的系统以及软件配置情况的界面，建议阅读一下，特别是那条警告信息："Warning:Export of this software may be restricted by the U.S. Government（该软件的出口受美国政府的限制）"，可见其相对其他软件的优越性已经发展到了政府干涉的地步了，能用到此软件，你应该感到荣幸。继续点"Next"按钮，出现创建用户类型的界面，选择如图 5-1 所示。

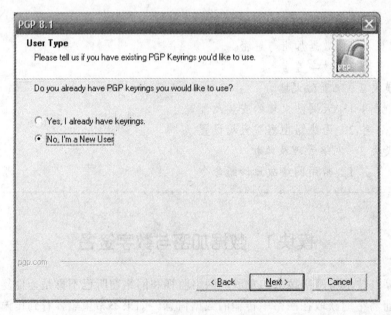

图 5-1   创建用户类型的界面

这是告诉安装程序，你是新用户，需要创建并设置一个新的用户信息。继续点"Next"按钮，来到了程序的安装目录（安装程序会自动检测你的系统，并生成以你的系统名为目录名的安装文件夹），建议将 PGP 安装在安装程序默认的目录，也就是你的系统盘内，程序很小，不会对系统盘有什么大的影响。再次点"Next"按钮，出现选择 PGP 组件的窗口，安装程序会检测你系统内所安装的程序,如果存在 PGP 可以支持的程序，它将自动为你选中该支持组件，如图 5-2 所示。

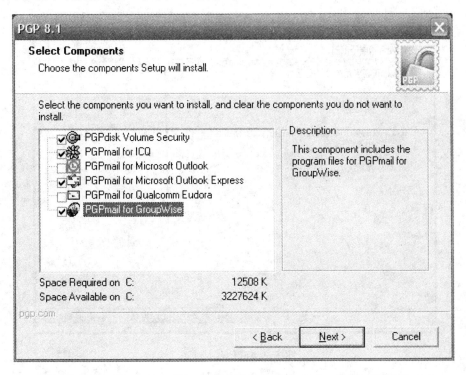

图 5-2　选择加密组件

第一个是磁盘加密组件，第二个是 ICQ 实时加密组件，第三个是微软的 Outlook 邮件加密组件，第四个是有大量使用者的 Outlook Express，简称 OE。后面的安装过程就只需一律点击"Next"，最后再根据提示重启系统即可完成安装（注意：务必根据提示尽快重启，否则可能会出现一些错误）。

步骤 2：创建和设置初始用户。

重启后，进入系统时会自动启动 PGPtray.exe，这个程序是用来控制和调用 PGP 的全部组件的，如果你觉得没有必要每次启动的时候都加载它，可以这样取消它的启动：开始→所有程序→启动，在这里删除 PGPtray 的快捷方式即可。

然后，进入新用户创建与设置。启动 PGPtray 后，会出现一个 PGP Key Generation Wizard（PGP 密钥生成向导），点"下一步"按钮，进入 Name and Email Assignment（用户名和电子邮件分配）界面，在 Full name（全名）处输入你想要创建的用户名，Email address 处输入用户所对应的电子邮件地址，完成后点"下一步"按钮，如图 5-3 所示。

接下来进入 Passphrase Assignment（直译应该是"密码短语分配"，没有 Passphrase 这个词，应该是 PGP 开发者自创的，其功能也就等同于密码，可以用"密码"的意思来理解），在 Passphrase 处输入你需要的密码，Confirmation（确认）处再输入一次。密码长度必须大于 8 位，建议为 12 位以上。如果出现"Warning: Caps Lock is activated!"的提示信息，说明你开启了 Caps Lock 键（大小写锁定键），点一下该键关闭大小写锁定后再输入密码，因为密码是要分大小写的。最好别取消 Hide Typing（隐藏键入）的选择，这样就算有人在后面看着你输入，也不会那么容易就让他知道你的输入到底是什么，更大程度地保护你的密码安全。完成后点"下一步"按钮，如图 5-4 所示。

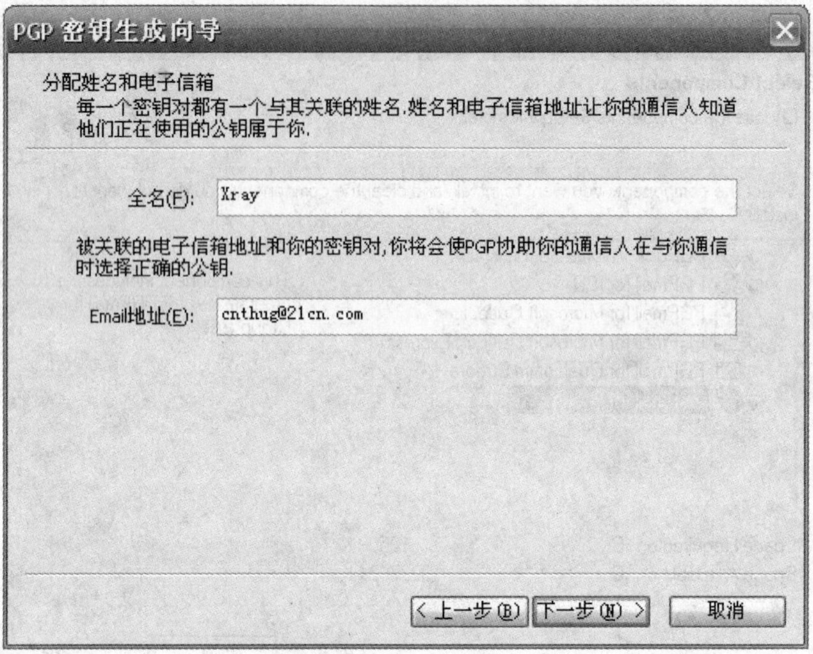

图 5-3　密钥生成向导

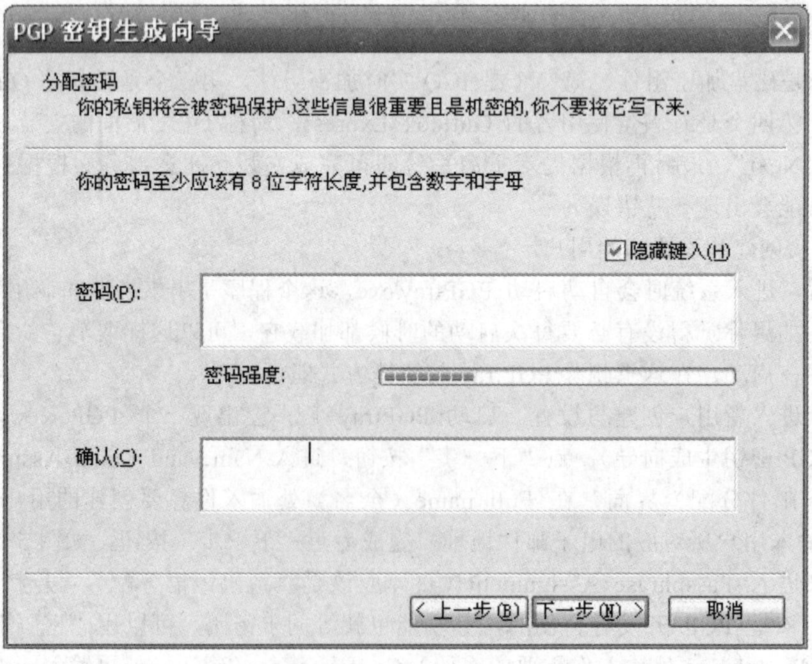

图 5-4　密码生成

进入 Key Generation Progress（密钥生成进程），等待主密钥（Key）和次密钥（Subkey）生成完毕（出现完成）。点击"下一步"按钮，进入 Completing the PGP Key Generation Wizard（完成该 PGP 密钥生成向导）再点"完成"按钮，你的用户就创建并设置好了。

步骤 3：导出并分发你的公钥。

启动 PGPkeys，在这里你将看到密钥的一些基本信息，如 Validity（有效性，PGP 系统检查是否符合要求，如符合，就显示为绿色）、Trust（信任度）、Size（大小）、Description（描述）、Key ID（密钥 ID）、Creation（创建时间）、Expiration（到期时间）等（如果没有那么多信息，使用菜单组里的"VIEW（查看）"，并选中里面的全部选项），如图 5-5 所示。

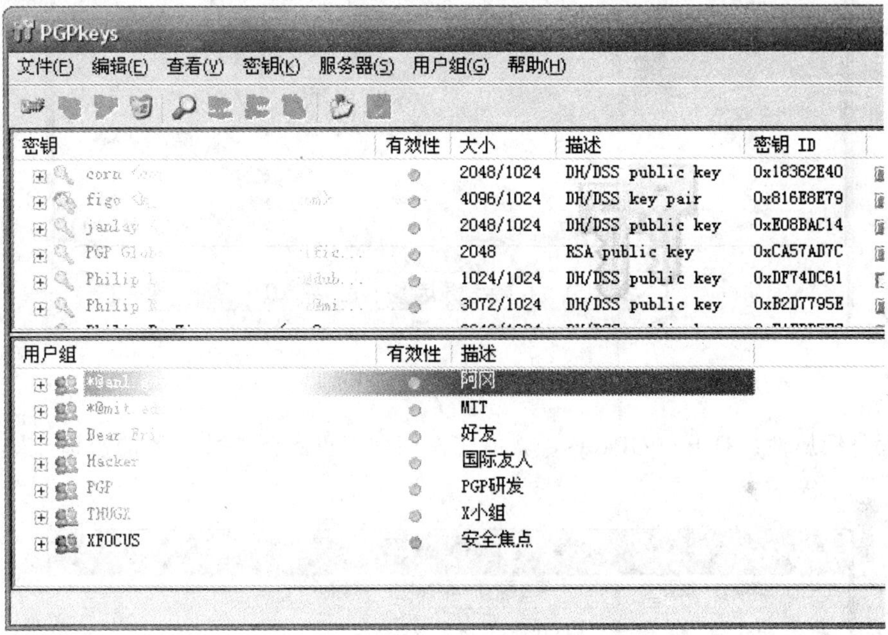

图 5-5 生成的密钥

需要注意的是，这里的用户其实是以一个"密钥对"形式存在的，也就是说其中包含了一个公钥（公用密钥，可分发给任何人，别人可以用此密钥来对要发给你的文件或者邮件等进行加密）和一个私钥（私人密钥，只有你一人所有，不可公开分发，此密钥用来解密别人用公钥加密的文件或邮件）。现在我们要做的就是要从这个"密钥对"内导出包含的公钥。

单击显示由你刚才创建的用户那里，再在上面点右键，选"Export…（导出）"（也可以点击紫色的磁盘图标实现此功能），在出现的保存对话框中，确认是只选中了"Include 6.0 Extensions"（包含 6.0 公钥），然后选择一个目录，再点"保存"按钮，即可导出你的公钥，扩展名为.asc。导出后，就可以将此公钥发给你的朋友，告诉他们以后给你发邮件或者重要文件的时候，通过 PGP 使用此公钥加密后再发给你。这样做一是能防止被人窃取后阅读而看到一些个人隐私或者商业机密的东西，二是能防止病毒邮件。虽然比以前的文件发送方式和邮件阅读方式麻烦一点，但是却能更安全地保护你的隐私或公司的秘密。

步骤 4：导入并设置其他人的公钥。

导入公钥：直接点击（根据系统设置不同，单击或者双击）对方发给你的扩展名为.asc 的公钥，将会出现选择公钥的窗口，在这里你能看到该公钥的基本属性，如有效性、创建时间、信任度等，便于了解是否应该导入此公钥。选好后，点击"Import（导入）"按钮，即可导入 PGP，如图 5-6 所示。

图 5-6　导入公钥

设置公钥属性：打开 PGPkeys，就能在密钥列表里看到刚才导入的密钥，如图 5-7 所示。

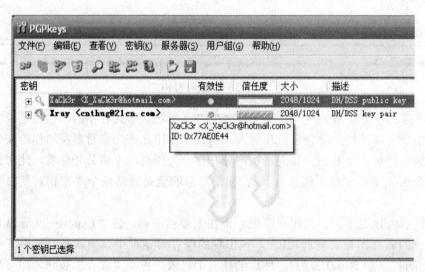

图 5-7　设置公钥属性

选中它，点右键，选 Key Properties（密钥属性），这里能查看到该密钥的全部信息，如是否是有效的密钥、是否可信任等，如图 5-8 所示。

图 5-8 设置公钥属性

在这里，如果直接拉动 Untrusted（不信任的）的滑块到 Trusted（信任的），将会出现错误信息。正确的做法应该是关闭此对话框，然后在该密钥上点右键，选 Sign（签名），在出现的 PGP Sign Key（PGP 密钥签名）对话框中，点"OK"按钮，会出现要求为该公钥输入 Passphrase 的对话框，这时就得输入你设置用户时的那个密码短语，然后继续点"OK"按钮，即完成签名操作。查看密码列表里该公钥的属性，应该在"Validity（有效性）"栏显示为绿色，表示该密钥有效。然后再点右键，选 Key Properties（密钥属性），将 Untrusted（不信任的）处的滑块拉到 Trusted（信任的），再点"关闭"按钮即可。这时，再看密钥列表里的那个公钥，Trust（信任度）处就不再是灰色了，说明这个公钥被 PGP 加密系统正式接受，可以投入使用了。关闭 PGPkeys 窗口时，可能会出现要求备份的窗口，建议选择"Now Backup（现在备份）"按钮选一个路径保存，例如"我的文档"（此备份的作用是防止下次使用的时候意外删除了重要用户，可以用此备份恢复）。

步骤 5：使用公钥加密文件。

不用开启 PGPkeys，直接在你需要加密的文件上点右键，会看到一个叫 PGP 的菜单组，进入该菜单组，选 Encrypt（加密），将出现 PGPshell-Key Selection Dialog（PGP 外壳-密钥选择对话框），如图 5-9 所示。

在这里，可以选择一个或者多个公钥，上面的窗口是备选的公钥，下面的是准备使用的公钥，想要对备选窗里的哪个公钥进行加密操作，就双击哪个，该公钥就会从备选窗口转到准备使用窗口，已经在准备使用窗内的，如果不想使用它，也通过双击的方法，使其转到备选窗。选择好后，点"确定"按钮，经过 PGP 的短暂处理，会在想要加密的那个文件的同一目录生成一个格式为"你加密的文件名.pgp"的文件，这个文件就可以用来发送了。记得，你刚才使用哪个公钥加密的，就只能发给该公钥所有人，别人无法解密。只有该公钥所有人才有解密的私钥。如果要加密文本文件,如.txt，并且想要将加密后的内容作为论坛的帖子发布，或者要作邮件内容发布，那么，就在刚才选择公钥的窗口，选中左下角的"Text Output"（文本输出），这样创建的加密文件将是这样的格式：你加密的文件名.asc，用文本编辑器打开的时候看到的就不是没有规律的乱码了（不选择此项，输出的加密文件将是乱码），而是很有序的格式，便于复制。将"测试一下"这几个字加密后，如图 5-10 所示。

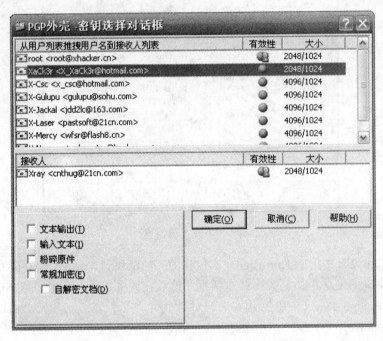

图 5-9　密钥选择对话框

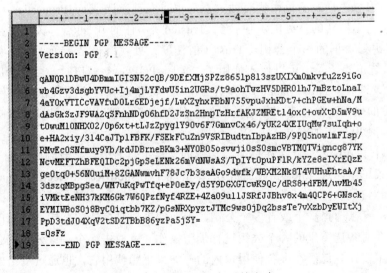

图 5-10　用 PGP 加密后的文本

　　PGP 还支持创建自解密文档，只需要在刚才选择公钥的对话框中选中 " Self Decrypting Archive（自解密文档）"，再点 " 确定 " 按钮，输入一个密码短语，再确认一次，点 "OK" 按钮，出现保存对话框，选一个位置保存即可。这时创建的就是 " 你加密的文件名.sda.exe " 这样的文件，这个功能支持文件夹加密，类似 WINZIP 以及 WINRAR的压缩打包功能。说到这里，值得一提的是，PGP 给文件进行超强的加密之后，还能对其进行压缩，压缩率比 WINRAR 小不了多少，很利于网络传输。

　　步骤 6：文件、邮件解密。

　　使用 PGPtray 解密：对文本形式的 PGP 加密文件，可以使用 PGPtray 的两种方式解密。先用文本编辑器打开文件，会看到类似图 5-10 里的字符，在右下角找到 PGPtray 图标（锁的形状），在上面点右键，选择 Current Window→Decrypt & Verify（当前窗口→解密和效验），如图 5-11 所示。

图 5-11　解密

　　根据提示输入你的密码短语，点击 "OK"，就会弹出文本查看器，显示出加密文本的明文内容，成功完成解密。还可通过复制加密文本的内容，然后在 PGPtray 图标上点右键，选择 Clipboard→Decrypt & Verify（剪贴板→解密和效验），也可以完成解密。

　　使用 PGPshell 解密：对文本类型的加密文件可将内容复制后保存为一个独立的文件，比如解密.txt，然后在文件上点右键，选择 PGP 菜单组内的 Encrypt（加密），将弹出对话框，要求输入密码短语，输入正确的密码短语后，弹出保存解密后文件的对话框，选择一个路径保存即可。对其他类型的加密文件，重复上面的 PGP 菜单组内的 Encrypt（加密）操作即可完成解密。

【小试牛刀】

　　用对方发送过来的 PGP 公钥对发送的邮件加密，然后把这封邮件发送给对方。

任务 2　数字签名

【任务描述】

　　签名是保证文件或资料真实性的一种方法。在计算机网络中，通常使用数字签名技术来模拟文件或资料中的亲笔签名。数字签名技术可以保证信息的完整性、真实性和不可否认性。进行数字签名最常用的技术是公开密钥加密技术（如 RSA）。如果某一用户 A 使用私钥加密了一条信息，其他人可以利用用户 A 的公钥拷贝对其进行解密，说明该信息是完整的（即信息没有被传递过程中的其他人修改过）。如果不能对其进行解密，说明该信息有可能被修改过。

　　本任务主要要求掌握利用 PGP 实现对文件的数字签名和对邮件进行数字签名。

【实践向导】

　　步骤 1：用 PGP 软件对文件进行数字签名。

　　新建一实例文本文件：test.txt，编辑内容为：Hello Everyone！保存关闭该文件。在该文件图标上单击鼠标右键，在弹出的上下文菜单上选择"签名"选项，如图 5-12 所示。

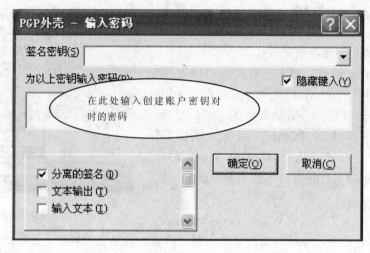

图 5-12　文件签名对话框

　　在为以上密钥输入密码（P）中，输入创建账户密钥对时的密码，然后按"确定"，对文件 test.txt 签名成功。生成的数字签名是在原签名文件的文件名（包括扩展名）后添加文件扩展名 sig 的文件，共 66 字节。如果对该文件所签名的源文件进行数字签名的验证，双击 test.txt.sig 文件。如果验证正确，则在弹出的对话框中"Signed"一栏显示签名时间。对 test.txt 文档的内容进行添加或修改后再保存，双击 test.txt.sig 文件对 test.txt 文档进行验证，显示"Bad Signature"，说明数字签名对文档的不可更改性，如图 5-13 所示。

PGPlog				
Name	Signer	Key ID	Va...	Signed
test.txt	qq <qq@21cn.com>	0x0D923B1B		Bad Signature

图 5-13　test.txt 文件修改后验证时的结果界面

　　步骤 2：用 PGP 对邮件进行签名。

　　运行 Outlook Express 电子邮件收发软件，新建一封邮件，选择一个收件人，收件人必须也安装有 PGP 软件，并且有一对密钥（包括公钥和私钥），邮件的正文简单写一句话：This is just a testing email!如图 5-14 所示。

图 5-14 新建邮件窗口

右击系统托盘处图标，选择"当前窗口"，然后是"加密&签名 n"。此时会弹出一个对话框，如图 5-15 所示。

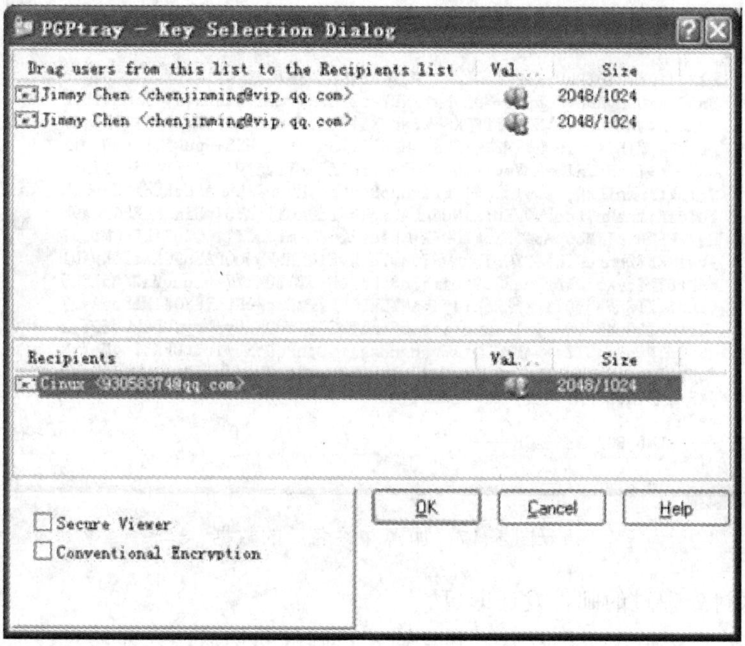

图 5-15 选择邮箱对话框

选择一个发送方的账户后单击"OK"，就会出现要求输入密码对话框，如图 5-16 所示。然后点击"OK"，就会完成对邮件内容的加密和签名工作。图 5-17 所示为加密并签名后的数据。

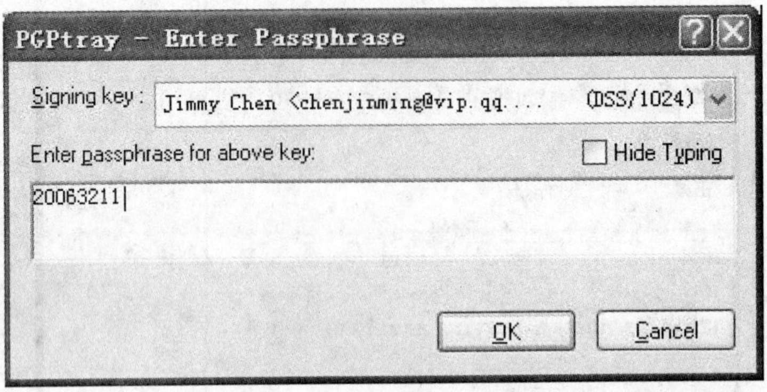

图 5-16　密码输入提示框

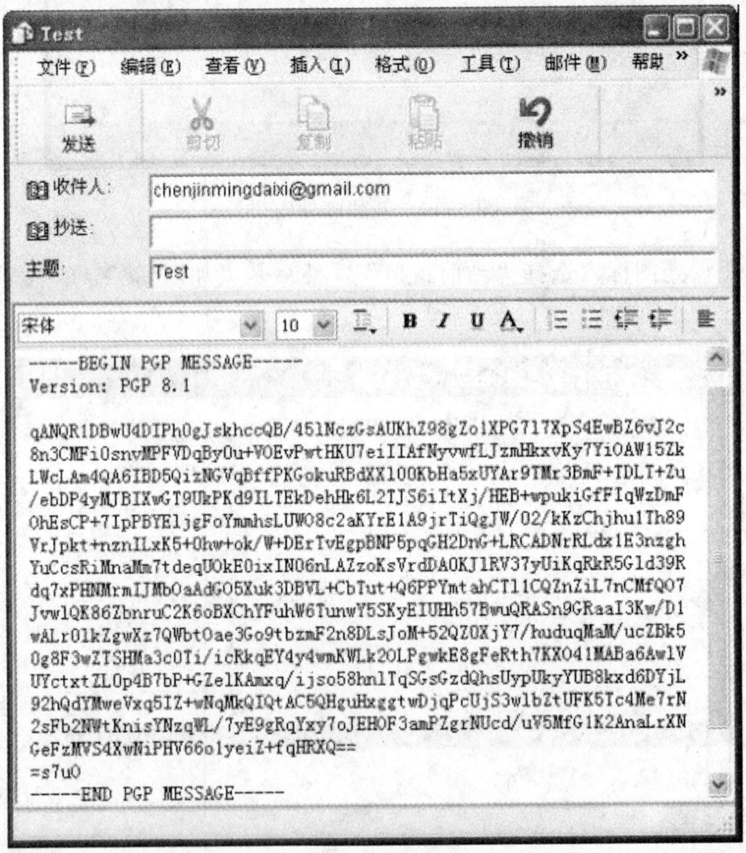

图 5-17　加密并签名后的数据

然后将这封处理过的邮件发送即可。

只有接收方确实是合法接收方，并且输入正确的私钥后，才能够对该加密处理的邮件进行解密和验证，而且邮件如有窜改，能够在接收方验证时得以发现，PGP 给出一个警告窗口，然后停止解密和验证。

【小试牛刀】

用自己申请到的两个邮箱账户进行实际操作，一个用来发送邮件，另一个用来接收，自己验证 PGP 数字签名。

模块 2　配置防火墙

防火墙的概念起源于中世纪的城堡防卫系统。那时人们在城堡的周围挖一条护城河以保护城堡的安全，每个进入城堡的人都要经过一个吊桥，接受城门守卫的检查。在网络中，人们借鉴了这种思想，设计了一种网络安全防护系统，即防火墙系统。

防火墙将网络分成内部网络和外部网络两部分，如图 5-18 所示，并认为内部网络是安全的和可靠的，而外部网络是不太安全和不太可信的。防火墙检查和检测所有进出内部网的信息流，防止未经授权的通信进出被保护的内部网络。

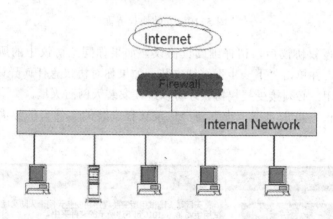

图 5-18　防火墙示意图

除了具有数据包过滤功能之外，防火墙通常还可以对应用层数据进行安全控制和信息过滤，具有认证、日志、计费等功能。防火墙的实现技术非常复杂，所有进出内部网络的信息流都需要通过防火墙的处理，因此对其可靠性和处理效率都有很高的要求。

任务 1　天网防火墙的安装及配置

【任务描述】

本任务要求掌握天网防火墙的安装方法，掌握天网防火墙 IP 规则设置的方法。

【实践向导】

步骤 1：在相关网站下载天网防火墙 3.0.0.1015 build 0611 个人版，解压后运行 setiup.exe 文件。

（1）双击已经下载好的安装程序，出现安装界面，如图 5-19 所示。

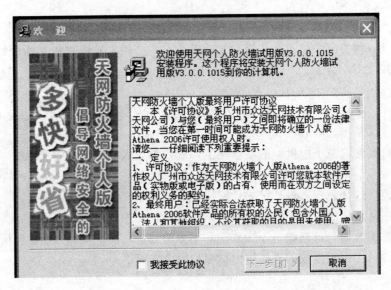

图 5-19　安装协议界面

　　（2）在出现授权协议后，请仔细阅读协议，如果你同意协议中的所有条款，请选择"我接受此协议"，并单击"下一步"继续安装。如果你对协议有任何异议可以单击取消，安装程序将会关闭，必须接受授权协议才可以继续安装天网防火墙。

　　如果同意协议，单击"下一步"将会出现选择安装的文件夹的界面，默认安装如图 5-20 所示。

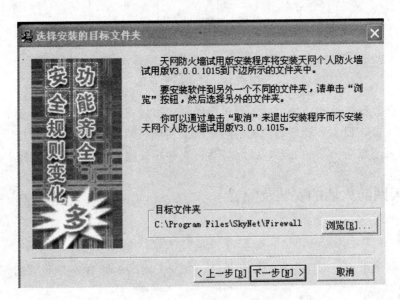

图 5-20　安装目标文件夹选项

　　（3）继续点击"下一步"出现选择"开始"菜单文件夹，用于程序的快捷方式。
　　（4）点击"下一步"出现正在复制文件的界面，此时，软件正在安装，请用户耐心等待。

（5）文件复制基本完成后，系统会自动弹出"设置向导"。为了方便大家更好地使用天网防火墙，请仔细设置。

（6）单击"下一步"出现"安全级别设置"。为了保证您能够正常上网并免受他人的恶意攻击，在一般情况下，我们建议大多数用户和新用户选择中等安全级别，对于熟悉天网防火墙设置的用户可以选择自定义级别，如图 5-21 所示。

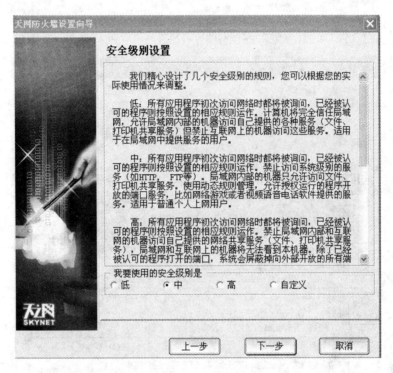

图 5-21　安全设置向导

（7）单击下一步可以看见"局域网信息设置"，软件将会自动检测你的 IP 地址，并记录下来，同时我们也建议您选择"开机的时候自动启动防火墙"这一选项，以保证您的电脑随时都受到保护。

（8）单击"下一步"进入"常用应用程序设置"，对于大多数用户和新用户建议使用默认选项。

（9）单击"下一步"，至此天网防火墙的基本设置已经完成，单击"结束"完成安装过程。

（10）请保存好正在进行的其他工作，单击"完成"，计算机将重新启动使防火墙生效。

步骤 2：认识天网防火墙界面介绍。

重启计算机后，天网防火墙随计算机自动启动，双击右下角图标，弹出天网防火墙界面，如图 5-22 所示。

从左到右的图标分别是应用程序规则、IP 规则管理、应用程序访问网络权限设置、当前系统中所有应用程序网络使用情况、日志等等，如图 5-23 及图 5-24 所示。

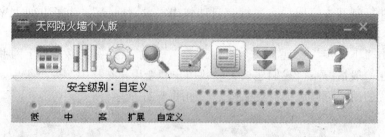

图 5-22　天网防火墙个人版界面

图 5-23　应用程序访问网络权限设置

步骤 3：天网防火墙 IP 规则设置。

现在的互联网并非一片净土，为了防范来自网络的攻击，很多初学的朋友也安装了防火墙软件来保护自己，可是如何使防火墙更加实用呢？通过自定义规则的功能，可满足不同类型用户的需求，避免"防住了别人也阻止了自己"的尴尬。

IP 规则是一系列的比较条件和一个对数据包的动作组合，它能根据数据包的每一个部分来与设置的条件进行比较。当符合条件时，就可以确定对该包放行或者阻挡。通过合理的设置规则可以把有害的数据包挡在你的机器之外，也可为某些有合法网络请求的程序开辟绿色通道。

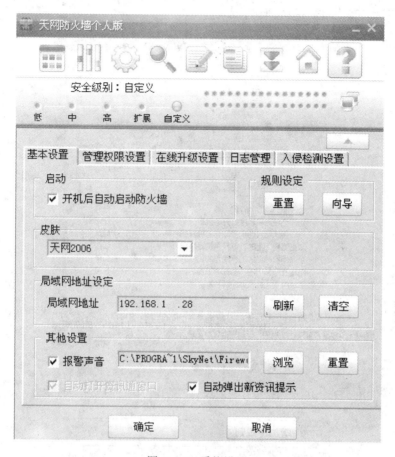

图 5-24 系统设置

　　虽然天网中已经设置好了很多规则，可是每个人有每个人的情况，还要根据自己的情况来制定自己的规则（在天网防火墙的 IP 规则列表中，位于前端的规则会首先动作，并且忽略后面有相关联系的规则，从而使为特别网络服务开辟绿色通道成为可能）。比如，在自己的机器中创建了一个 FTP 服务器、WWW 服务器，用来和朋友们分享各类资源，但朋友们反映不能连接。仔细查找，发现原来是天网在"作怪"！现在就给 FTP 设置一条特别的 IP 规则以方便使用。

　　（1）单击系统托盘中的天网图标打开程序界面，在主界面的左侧点击第二个图标"IP 规则管理"，如图 5-25 所示。

　　（2）点击"增加规则"按钮，弹出"增加 IP 规则"窗口，在"名称"中输入一个将要显示在 IP 规则列表中的名字，在下方的"说明"中填写对该条规则的描述，防止以后忘了该规则的用途。因为作者建立的 FTP 服务器需要与朋友们交换数据，所以在"数据包方向"中通过下拉菜单选中"接收或发送"；如果朋友们都没有固定的 IP 地址，可在"对方 IP 地址"中选择"任何地址"；另外，由于 FTP 服务器基于 TCP / IP 协议，并且需要开放本机的 21 端口，因此在"数据包协议类型"中选择"TCP"协议，在"本地端口"中输入"0"和"21"开放该端口。由于不限制对方使用何种端口进行连接，所以可在"对方端口"中保持默认的"0"；最后，在"当满足上面条件时"的下拉菜单中选择

"通行"来放行即可,如图 5-26 所示。

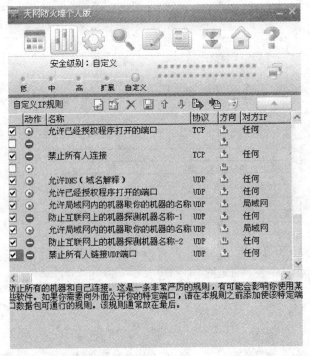

图 5-25 IP 规则已经存在的规则,动作为绿色的表示已经生效

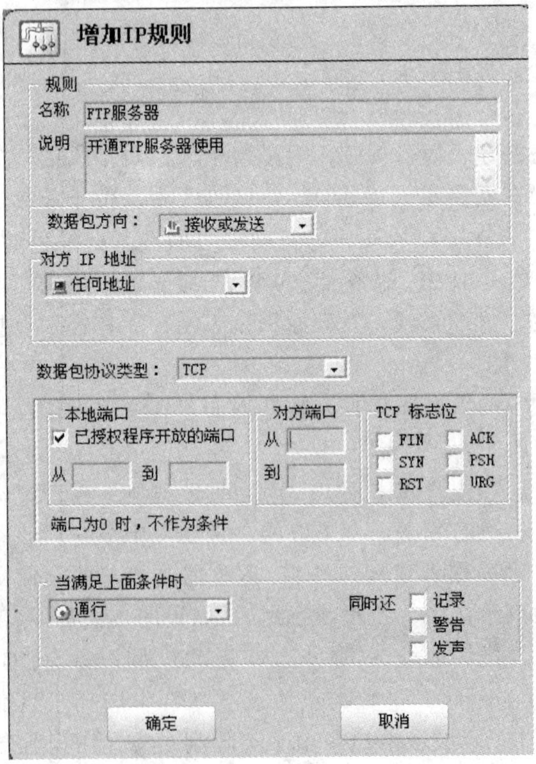

图 5-26 增加 IP 规则页面

（3）经过上面的设置，本机的 21 端口就被打开了。返回天网主界面，选中新创建的"FTP"规则，按住"↑"将其移动到"TCP 数据包监视"规则的下方，以跳过最严厉的"禁止所有人连接"规则，然后点击"保存规则"保存设置。现在重新启动天网防火墙即可生效。

（4）提示：如果想在天网的连接日志中记录朋友们的访问 IP 情况，可以在"同时还"中勾选"记录"选项。

（5）备份与恢复规则。如果你已经创建或修改了很多的 IP 规则，当需要重新安装系统或天网的时候还要来设置这些规则。因此，采用导出后备份，当需要时再导入恢复是最简单的方法。

1）点击"导出规则"按钮，打开导出设置窗口，在"文件名"中设定保存备份的文件夹，在下方的 IP 规则列表中选中自己创建的 IP 规则（也可点击"全选"按钮备份全部 IP 规则），点击"确定"后即可导出进行备份了。

2）当需要恢复时，只有点击"导入规则"，通过"打开"窗口找到并双击备份的 IP 规则文件即可导入了。

现在我们已经了解了天网的 IP 规则设置的方法，以后再也不怕天网防火墙将我们的合法程序挡在门外了。也许有朋友会问：我安装的网络服务程序不使用常见端口，不知道它需要开放哪些端口怎么办？没关系，再教你一个最简单的方法：启动被阻止的程序，打开天网防火墙的安全日志，看看它到底阻止了哪个端口，哪个端口就是需要用 IP 规则开放的端口。

在选中中级安全级别时，进行自定义 IP 规则的设置是很必要的。在这一项设置中，可以自行添加、编辑、删除 IP 规则，对防御入侵可以起到很好的效果，这也是本书要介绍的重点。

【知识拓展】

对于对 IP 规则不甚精通，并且也不想去了解这方面内容的用户，可以通过下载天网或其他网友提供的安全规则库，将其导入到程序中，这也可以收到一定的防御木马程序、抵御入侵的效果。缺点是对于最新的木马和攻击方法，需要重新进行规则库的下载。而对于想学习 IP 规则设置的用户，本书将对规则的设置方法进行详细介绍。

IP 规则的设置分为规则名称的设定，规则的说明，数据包方向，对方 IP 地址，对于该规则 IP、TCP、UDP、ICMP、IGMP 协议需要做出的设置，当满足上述条件时对数据包的处理方式，对数据包是否进行记录等。如果 IP 规则设置不当，天网防火墙的警告标志就会闪个不停，而如果正确地设置了 IP 规则，则既可以起到保护电脑安全的作用，又可以不必时时去关注警告信息。

在天网防火墙的默认设置中有两项防御 ICMP 和 IGMP 攻击，这两种攻击形式在一般情况下只对 Windows98 系统起作用，而对 Windows2000 和 WindowsXP 的用户攻击无效，因此可以允许这两种数据包通过，或者拦截而不警告。

用 ping 命令探测计算机是否在线是黑客经常使用的方式，因此要防止别人用 ping 探测。

对于在家上网的个人用户，对允许局域网内的机器使用共享资源和允许局域网内的机器进行连接和传输一定要禁止，因为在国内 IP 地址缺乏的情况下，很多用户是在一个局域网下上网，而在同一个局域网内可能存在很多想一试身手的黑客。

139 端口是经常被黑客利用 Windows 系统的 IPC 漏洞进行攻击的端口，用户可以对通过这个端口传输的数据进行监听或拦截，规则是名称可定为"139 端口监听"，外来地址设为"任何地址"，在 TCP 协议的本地端口可填写"从 139 到 139"，通行方式可以是"通行并记录"，也可以是"拦截"，这样就可以对这个端口的 TCP 数据进行操作。445 端口的数据操作与此类似。

如果用户知道某个木马或病毒的工作端口，就可以通过设置 IP 规则封闭这个端口。方法是增加 IP 规则，在 TCP 或 UDP 协议中，将本地端口设为"从该端口到该端口"，对符合该规则的数据进行拦截，就可以起到防范该木马的效果。

增加木马工作端口的数据拦截规则，是 IP 规则设置中最重要的一项技术，掌握了这项技术，普通用户也就从初级使用者过渡到了中级使用者。

【小试牛刀】

添加 WWW 服务器 IP 规则，让别人也能访问你的个人服务器，WWW 服务器默认的端口是 80。

任务 2　无线路由器防火墙设置

【任务描述】

企业用户使用路由器共享上网，常常需要对内网计算机的上网权限进行限制，如限制某些计算机不能上网，限制某些计算机可以收发邮件但是不可以浏览网页，限制计算机不能访问某个站点，而一些计算机有高级权限，不受任何限制。路由器具有防火墙功能，功能可以灵活组合成一系列控制规则，形成完整的控制策略，有效管理员工上网，能方便您对局域网中的计算机进行进一步管理。

【实践向导】

步骤 1：IP 地址过滤的使用。

IP 地址过滤用于通过 IP 地址设置内网主机对外网的访问权限，适用于这样的需求：在某个时间段，禁止/允许内网某个 IP（段）所有或部分端口和外网 IP 的所有或部分端口的通信。

开启 IP 地址过滤功能时，必须要开启防火墙总开关，并明确 IP 地址过滤的缺省过滤规则（设置过程中若有不明确处，可点击当前页面的"帮助"按钮查看帮助信息），如图 5-27所示。

下面将通过两个例子说明 IP 地址过滤的使用。

例 1　预期目的：不允许内网 192.168.1.100～192.168.1.102 的 IP 地址访问外网所有 IP 地址；允许 192.168.1.103 完全不受限制地访问外网的所有 IP 地址。设置方法如下：

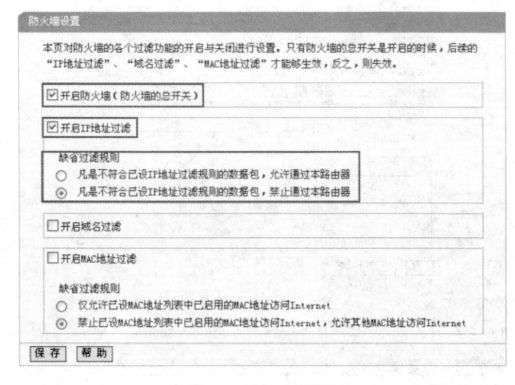

图 5-27　开启 IP 过滤界面

（1）选择缺省过滤规则为：凡是不符合已设 IP 地址过滤规则的数据包，禁止通过本路由器，如图 5-28 所示。

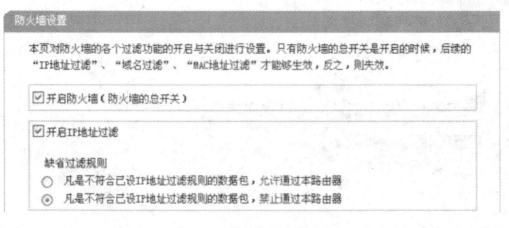

图 5-28　选择缺省过滤规则

（2）添加 IP 地址过滤新条目。允许内网 192.168.1.103 完全不受限制地访问外网的所有 IP 地址。因默认规则为"禁止不符合 IP 过滤规则的数据包通过路由器"，所以内网电脑 IP 地址段 192.168.1.100～192.168.1.102 不需要进行添加，默认禁止其通过，如图 5-29 所示。

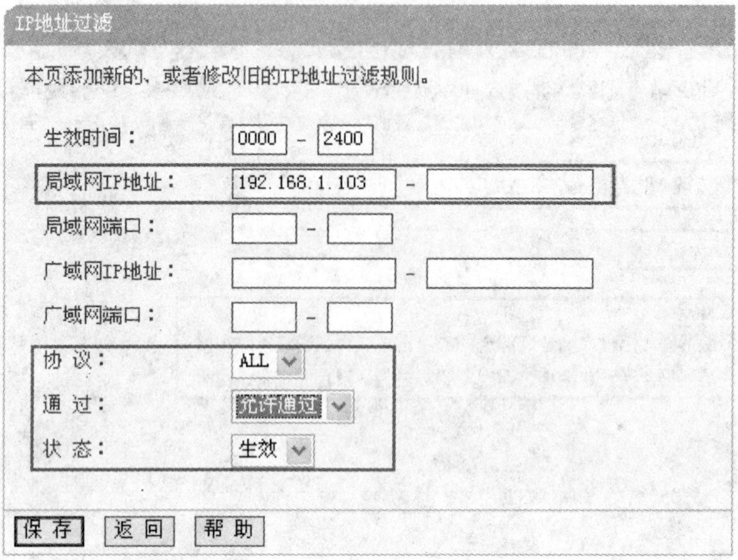

图 5-29　添加 IP 地址过滤新条目

（3）保存后生成如下条目，即能达到预期目的，如图 5-30 所示。

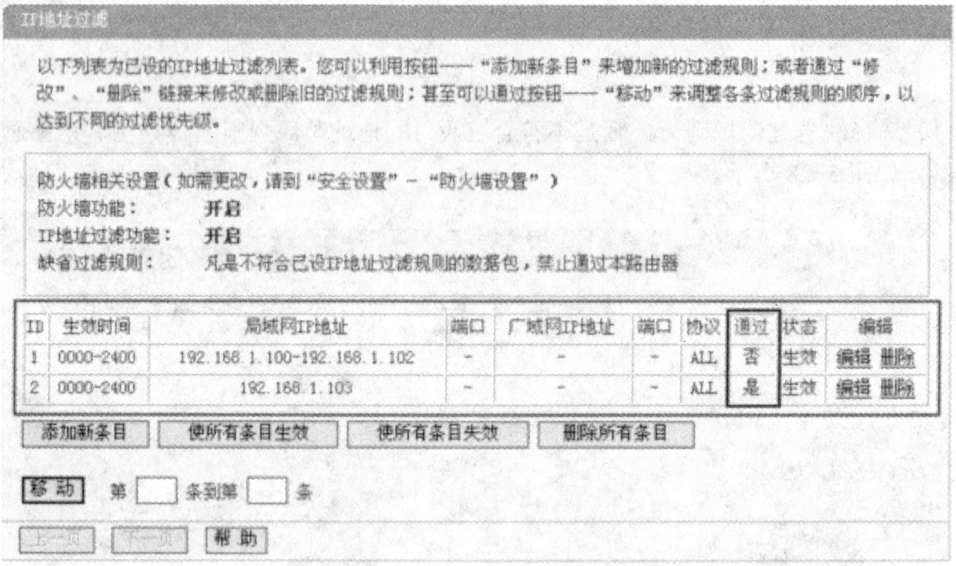

图 5-30　添加的新规则

例 2　预期目的：内网 192.168.1.100～192.168.1.102 的 IP 地址在任何时候都只能浏览外网网页；192.168.1.103 从上午 8 点到下午 6 点只被允许在外网 219.134.132.62 邮件服务器上收发邮件，其余时间不能对外网通信。

浏览网页需使用到 80 端口（HTTP 协议），收发电子邮件使用 25（SMTP）与 110（POP），同时域名服务器端口号 53（DNS）。

设置方法如下：

（1）选择缺省过滤规则为：凡是不符合已设 IP 地址过滤规则的数据包，禁止通过本路由器，如图 5-31 所示。

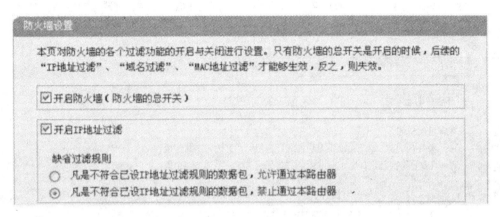

图 5-31　选择缺省规则

（2）设置生成如下条目后即能达到预期目的，如图 5-32 所示。

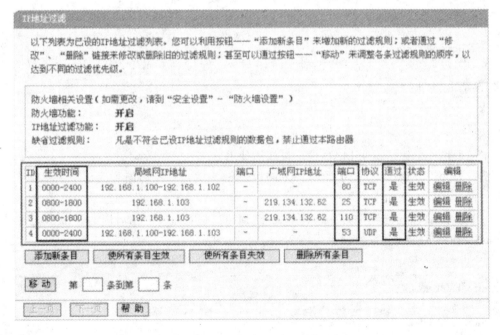

图 5-32　设置后的界面

步骤 2：MAC 地址过滤的使用。

MAC 地址过滤用于通过 MAC 地址来设置内网主机对外网的访问权限，适用于这样的需求：禁止/允许内网某个 MAC 地址和外网的通信。

开启 MAC 地址过滤功能时，必须要开启防火墙总开关，并明确 MAC 地址过滤的缺省过滤规则（设置过程中若有不明确处，可点击当前页面的"帮助"按钮查看帮助信息），如图 5-33 所示。

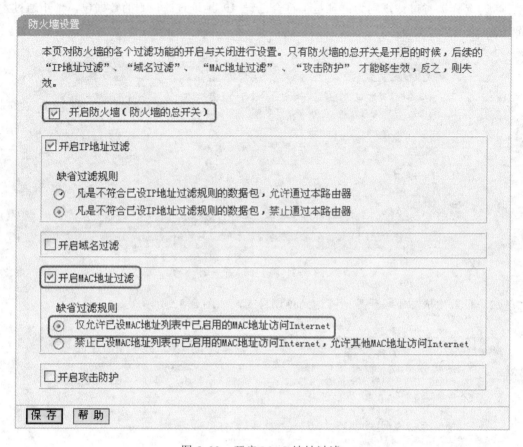

图 5-33　开启 MAC 地址过滤

下面通过一个例子说明 MAC 地址过滤的使用。

例：只允许 MAC 地址为"00-19-66-80-53-52"的计算机访问外网，禁止其他计算机访问外网，设置方法如下：

（1）选择缺省过滤规则为：仅允许已设 MAC 地址列表中已启用的 MAC 地址访问 Internet，如图 5-34 所示。

图 5-34　开启 MAC 地址过滤

（2）添加 MAC 地址过滤新条目。添加 MAC 地址：00-19-66-80-53-52，状态选择"生效"，如图 5-35 所示。

（3）保存后生成如下条目，如图 5-36 所示。

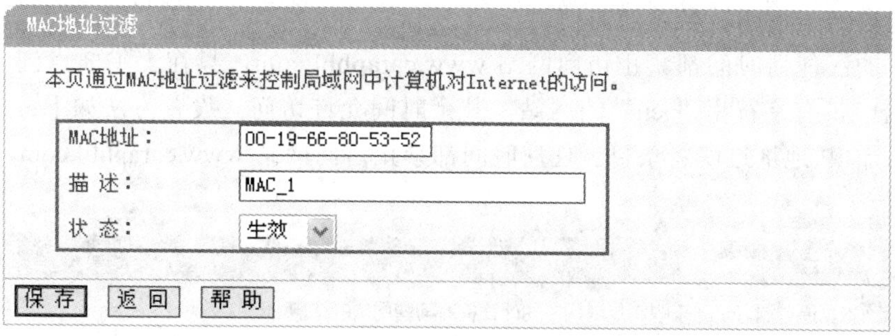

图 5-35　MAC 过滤设置

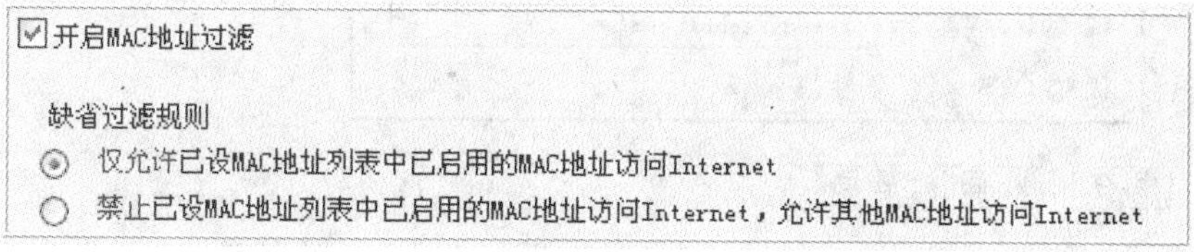

图 5-36　开启 MAC 地址过滤

设置完成之后，只有局域网中 MAC 地址为"00-19-66-80-53-52"的计算机可以访问外网，达到预期目的。

步骤 3：域名过滤的使用。

域名过滤用于限制局域网内的计算机对某些网站的访问，适用于这样的需求：在某个时间段，限制对外网某些网站的访问或限制某些需要域名解析成功后才能和外网通信的应用程序的使用。

开启域名过滤功能时，必须开启防火墙总开关（设置过程中若有不明确处，可点击当前页面的"帮助"按钮查看帮助信息），如图 5-37 所示。

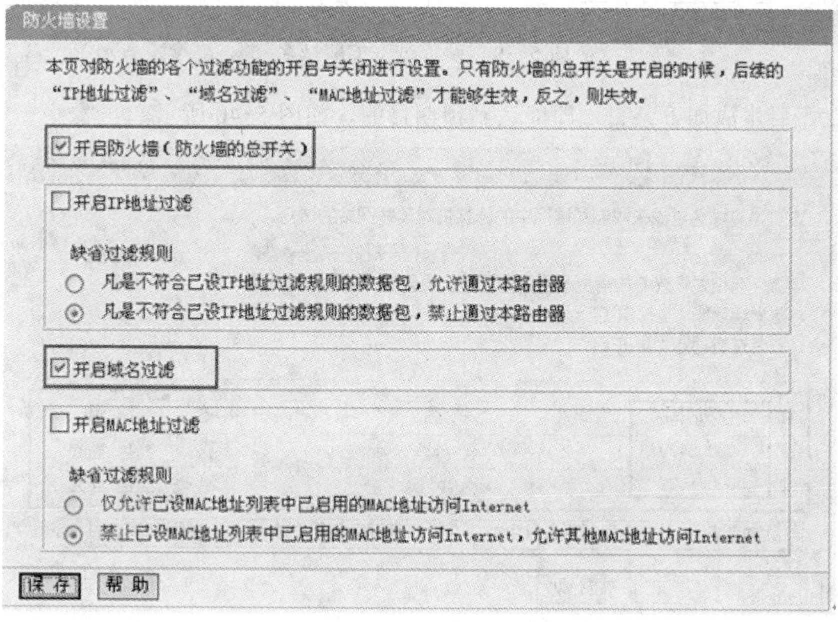

图 5-37　开启域名过滤

下面通过例子说明域名过滤的使用。

预期目的：任何时间都禁止访问网站 www.caraphbl.com，只在上午 8 点到下午 4 点禁止访问域名中带有字符串 ".cn" 的网站，其余时间允许访问。设置方法如下：

（1）添加 IP 地址过滤新条目。任何时间都禁止访问网站 www.caraphbl.com，如图 5-38 所示。

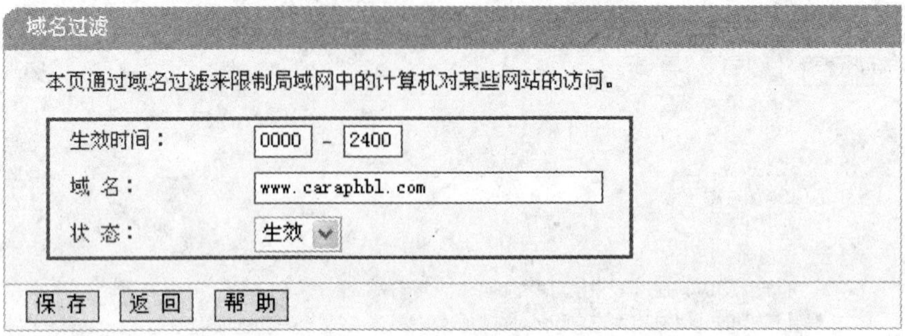

图 5-38　设置域名过滤

上午 8 点到下午 4 点禁止访问域名中带有字符串 ".cn" 的网站，如图 5-39 所示。

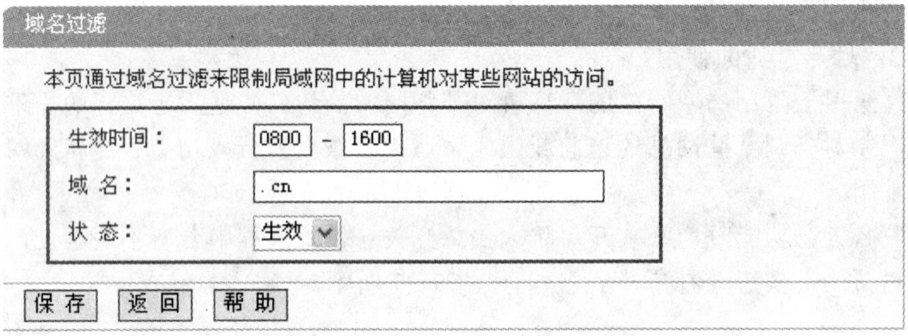

图 5-39　设置过滤 CN 域名

（2）保存后生成如下条目，即能达到预期目的，如图 5-40 所示。

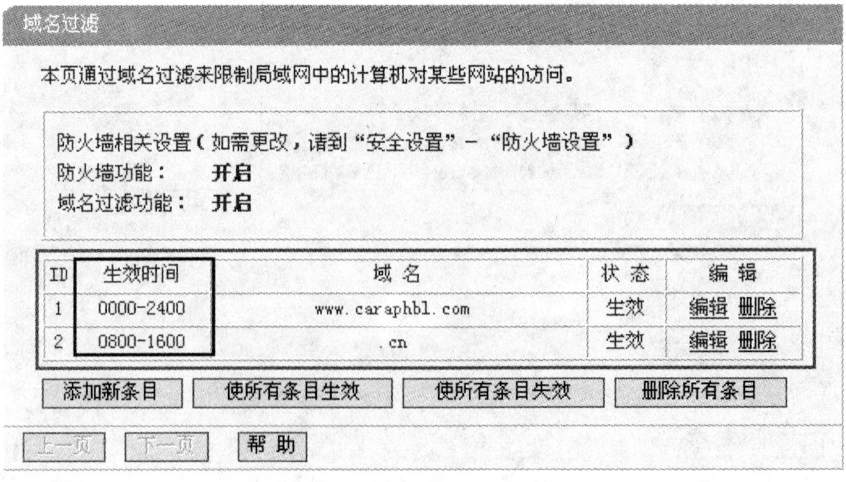

图 5-40　设置域名过滤结果

注意：

（1）域名过滤状态栏会显示"失效"以及"生效"，只有状态条目为"生效"时，相应的过滤条目才生效。

（2）在路由器上设置好过滤规则后，在电脑上需要删除浏览器的临时文件：打开 IE 浏览器，点击"选项"，选择"Internet 选项"，在"常规"选项卡中点击"删除文件"。

【知识拓展】

可通过如下方法确定域名过滤不生效的可能原因：

（1）检查路由器防火墙总开关以及域名过滤是否开启，域名过滤中所设置条目是否生效。

（2）所要过滤的域名是否为所访问域名的子集。如域名过滤设置为过滤"163.com"，那么诸如"news.163.com"、"mail.163.com"是无法访问的，但若设置为过滤"www.163.com"，那么仅有"www.163.com"以及"www.163.com/*"无法访问，而诸如"news.163.com"、"mail.163.com"是可以正常访问的。

（3）本地 DNS 缓存原因，使用 URL 访问网络过程：

1）在浏览器中输入域名之后，系统将该域名提交给 DNS 服务器解析，然后使用解析得到的 IP 地址访问目的站点。

2）若本地 DNS 缓存中已存在该域名解析得到的 IP，则无须再次交由 DNS 服务器解析，本机直接使用缓存中已解析到的 IP 访问目的站点。

所以，即使上述（1）、（2）步骤设置无误，但因本地 DNS 缓存原因，仍然可以正常访问已经过滤的站点，在此种情况下，清空本地 DNS 缓存即可。

方法为：修复本地连接或者在命令提示符中使用"ipconfig /flushdns"命令清空。

【小试牛刀】

目前，一些网站带有木马、其他病毒及色情，请你在路由器设置限制过滤这些网站。

模块 3　网络管理及维护

网络管理是通过某种方式对网络的性能、运行状况和安全性进行监测和控制的管理过程，当网络出现故障时能及时报告和处理，协调、保持网络正常、高效地运行。

网络的管理主要是故障管理和性能管理。故障管理是网络管理中最重要的功能之一，在复杂的网络系统中，当故障发生时，往往不能轻易、具体地确定故障所在的准确位置，需要检测网络发生的所有故障，并记录每个故障的产生及相关信息，最后确定并排除故障。性能管理包括性能监视、性能管理控制和性能分析等等。

本模块主要介绍常用网络故障诊断工具和小型无线路由器网络管理相关知识。

任务 1　常用网络故障诊断命令

【任务描述】

本任务要求读者掌握 ipconfig 命令的使用，掌握 Netstat 网络协议统计工具的使用。

【实践向导】

步骤 1：ipconfig 是调试计算机网络的常用命令，通常使用它显示计算机中网络适配器的 IP 地址、子网掩码及默认网关。单击"开始→运行"，在对话框内输入"CMD"，进入命令方式对话框，在提示符下输入"ipconfig"，出现如图 5-41 所示的结果。

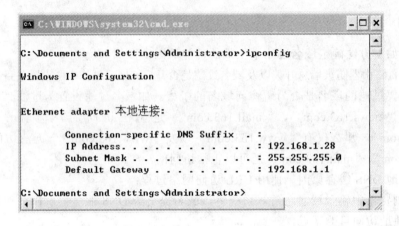

图 5-41　ipconfig 命令运行结果

步骤 2：当 ipconfig 命令带有参数时，/all 显示所有网络适配器（网卡、拨号连接等）的完整 TCP/IP 配置信息。与不带参数的用法相比，它的信息更全更多，如 IP 是否动态分配、显示网卡的物理地址（mac 地址）等，如图 5-42 所示。

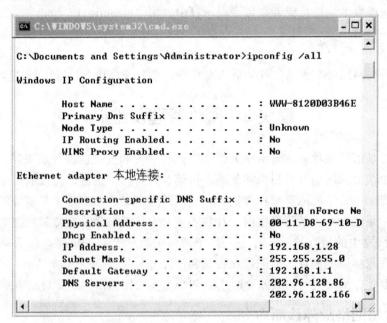

图 5-42　带/all 参数

步骤 3：ipconfig/release 和 ipconfig/renew 中，release 释放全部（或指定）适配器的由 DHCP 分配的动态 IP 地址，此参数适用于 IP 地址非静态分配的网卡；renew 参数为全部（或指定）适配器重新分配 IP 地址。如图 5-43 和图 5-44 所示。

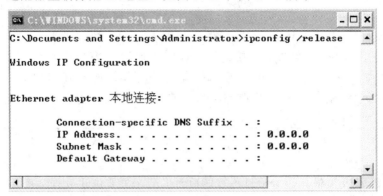

图 5-43 带/release 参数

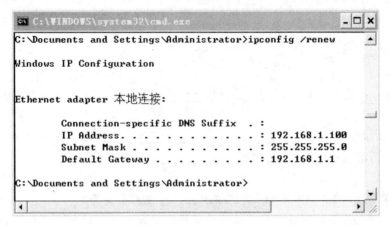

图 5-44 带/renew 参数

步骤 4：netstat 命令是一个监控 TCP/IP 网络的非常有用的工具，它可以显示路由表、实际的网络连接以及每一个网络接口设备的状态信息，命令的模式为：netstat [/参数]，其中主要参数有：

/a 显示所有与该计算机建立连接的端口信息

/e 显示以太网的统计信息

/n 以数字格式显示地址和端口信息，如图 5-45 所示。

/s 显示每个协议的统计情况，这些协议主要有 IP、TCP、UDP 和 ICMP。

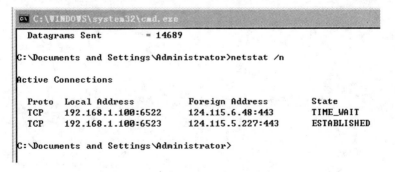

图 5-45 netstat 带/n 参数命令

【小试牛刀】

　　Winipcfg 程序采用 Windows 窗口的形式来显示 IP 协议的具体配置信息。如果 Winipcfg 命令后面不跟任何参数直接运行，程序不但可在窗口中显示网络适配器的物理地址、主机的 IP 地址、子网掩码以及默认网关等，而且还可以查看主机的相关信息如主机名、DNS 服务器、节点类型等。请大家测试使用。

● 项目总结

　　网络的安全涉及面很广，本项目不可能面面俱到，主要讲述数据加密与数字签名、防火墙的使用、路由器的管理和网络故障排除，实用性比较强，对网络的维护具有实质性的指导作用。

● 挑战自我

　　一、填空题

　　（1）对于一个安全的网络，它应该提供_____、_____、数据保密、数据完整和不可否认的服务。

　　（2）一般的排除过程是_____、_____、故障诊断、故障排除等环节。

　　（3）用于网络统计测试的工具是_____。

　　二、思考题

　　（1）当局域网内出现 IP 地址冲突的情况时，应该怎么处理？

　　（2）在"网上邻居"上可以看到其他计算机，但其他计算机却看不到你的计算机，试说明原因，如何解决？

参 考 文 献

[1] 谢希仁. 计算机网络教程[M]. 2 版. 北京：人民邮电出版社，2006.

[2] 徐敬东，张建忠. 计算机网络[M]. 2 版.北京：清华大学出版社，2009.

[3] 姜惠民. 网络布线与小型局域网搭建[M]. 北京：高等教育出版社，2004.

冶金工业出版社部分图书推荐

书　名	作　者	定价（元）
网页设计项目式实训教程（综合实例篇）（高职高专）	尹　霞	24.00
无线传感器网络技术（物联网应用技术系列教材）	彭　力	22.00
大学计算机基础（等级考试版）（高职高专）	刘　芳	28.00
网络信息安全技术基础与应用	庞淑英	21.00
计算机病毒防治与信息安全知识 300 问	张　洁	25.00
计算机实用软件大全	何培民	159.00
Visual FoxPro 中 Windows API 调用技术与应用实例	刘安平	49.00
基于神经网络的智能诊断	虞和济	48.00
计算机控制系统	顾树生	29.00
微型计算机控制系统	孙德辉	30.00
轧制过程的计算机控制系统	赵　刚	25.00
网络制造模式下的分布式测量系统建模与优化技术	罗小川	27.00
基于 Web 冲压工艺智能决策与分散资源集成应用平台研究	王贤坤	18.00
计算机文化基础实验及试题	关启明	16.80
电脑常用操作技能	柳钢（集团）高级技工学校	26.00
自动控制原理（第 4 版）	王建辉	32.00
自动控制原理习题详解	王建辉	18.00
可编程序控制器及常用控制电器（第 2 版）	何友华	30.00
电力拖动自动控制系统（第 2 版）	李正熙	30.00
自动检测和过程控制（第 3 版）	刘元扬	36.00
自动控制系统（第 2 版）	刘建昌	22.00
机电一体化技术基础与产品设计	刘　杰	38.00
智能控制原理及应用	张建民	29.00
电力系统微机保护	张明君	16.00
电工与电子技术（第 2 版）	荣西林	49.00
电工与电子技术学习指导	张　石	29.00
电子产品设计实例教程	孙进生	20.00
单片机实验与应用设计教程	邓　红	28.00
参数检测与自动控制（职教教材）	李登超	39.00
工厂电气控制设备（职教教材）	赵秉衡	20.00
电气设备故障检测与维护（职业培训教材）	王国贞	28.00
冶金过程数学模型与人工智能应用（本科教材）	龙红明	28.00